计算机课程线上线下
混合式教学模式实践探究

詹丽丽　著

中国纺织出版社有限公司

内 容 提 要

网络技术的发展推动了教育思想和理念的革新,从根本上改变了传统教学中的师生地位和关系,在培养学习者基本技能、信息素养、创新能力等方面表现出了巨大优势。互联网技术在教学中的合理应用,能够提高教学效率,拓展教学广度,增加教学深度。随着以学生为中心和线上线下混合式教学模式的推广,探索基于网络平台进行的线上自学、网上辅导和线下组织课堂教学相结合的线上线下教学改革与创新,能充分有效利用网络资源优势,共建和共享优秀教学资源,同时可满足不同层次学生学习需求,方便学生自学教学知识内容,以期通过引导学生自主学习,培养学生发现问题、分析问题和解决问题的能力,达到提高学生学习效果的目的。

图书在版编目(CIP)数据

计算机课程线上线下混合式教学模式实践探究/詹丽丽著. — 北京:中国纺织出版社有限公司,2024.1
ISBN 978-7-5229-1413-8

Ⅰ.①计… Ⅱ.①詹… Ⅲ.①电子计算机-教学模式-研究-高等学校 Ⅳ.①TP3-42

中国国家版本馆 CIP 数据核字(2024)第039375号

责任编辑:张 宏 责任校对:高 涵 责任印制:储志伟

中国纺织出版社有限公司出版发行
地址:北京市朝阳区百子湾东里 A407 号楼 邮政编码:100124
销售电话:010—67004422 传真:010—87155801
http://www.c-textilep.com
中国纺织出版社天猫旗舰店
官方微博 http://weibo.com/2119887771
三河市宏盛印务有限公司印刷 各地新华书店经销
2024 年 1 月第 1 版第 1 次印刷
开本:710×1000 1/16 印张:14.5
字数:200 千字 定价:98.00 元

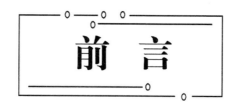

前　言

随着社会的进步，时代的交替，教育方法的改变已成为必然规律。当今我国各项事业正处于改革的深水区，与以往不同的是，科学技术飞速发展，改变了人们的生活方式和学习习惯。在教育领域，教与学双方在理念上、思维方式上发生了根本性变化，我们已不能用旧的思维模式、传统的教学方法与评价标准来要求教育，我们的教育模式应随之改变，才能满足社会对人才培养的要求。

本书共七章，第一章为高效课堂概述；第二章为混合式教学概述；第三章为计算机基础课程改革研究；第四章为计算机基础课程线上线下混合式教学的理论基础和可行性分析；第五章为混合式教学下的多媒体课件和微课的设计与开发；第六章为混合学习改革；第七章为混合式教学有效性评价与分析。

著者所教授的"编译原理"课程获批"第二批国家级线上线下混合式一流本科课程"。

在本书中，我们尝试对知识体系进行全新架构，这在无形中增加了撰写的难度。限于笔者的能力和水平，难免会"挂一漏万"或者"浅尝辄止"。在此恳请读者朋友批评指正，以便在书籍再版时补充修正。在写作的过程中，我们参考、引用了大量相关资料和文献，其中有一些文献来自网络，无法考证作品的首创作者，在此谨向原作者和出版者表示衷心的感谢！

著　者

2023 年 7 月

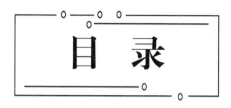

目　录

第一章

高效课堂概述

第一节　高效课堂的定义

教育最终要回归到课堂,著名教育实践家和教育理论家苏霍姆林斯基曾这样说:"教育思想的源泉是课堂,创造活动的源头是课堂;课堂,是教育信念的萌发园地。"教育工作者深知教育的根本在于课堂,要提高教育的内涵,必须要提高课堂的教学质量。如何打造高效课堂已成为大家关注的热点。

我们倡导的高效课堂是相对于传统教学模式下的"有效""低效",甚至"无效"的课堂教学而言的。高效课堂是有效课堂的进一步提升,它融入了线上线下混合式教学技术,使课堂教学效果更佳,教学评价更公正、合理。顾名思义,高效课堂是指课堂教学效果有相当高的目标达成的课堂,具体而言,是指在有效课堂的基础上,较好地完成教学任务、达成教学目标的效率较高、效果较好的课堂。我们可以把高效课堂的含义概括为五个方面:一是在有效的时空里采用恰当的策略,高效率、高质量地完成教学任务,促进学生获得高效、全面的发展;二是努力优化课堂教学过程,使教师在单位时间内提高自己的教学效率,教学效果显著;三是教师要关注学生对课堂的参与度以及自觉学习的程度,运用各种教学方法与手段调动学生主动参与到课堂中,使绝大多数的学生都能在课堂中互动起来,课堂气氛比较活跃;四是课堂教学能使学生在知识技能、过程方法、情感态度价值观等方面获得明显全面协调的发展;五是在课堂中实现了"少教多学"的教学状态,师生之间呈现友好融洽、愉快交流的双向过程。

课堂是否高效,主要看以下两个方面:一是效率的最大化,即投入等量的时间完成的任务量最大。这里的任务主要指课堂内的教学目标达成情况,以及教学内容、作业完成情况等。二是效益的最优化,即学生被教育教学影响的积极程度。它的衡量往往是隐形的,如行为习惯的养成、兴趣志趣的培养、思维品质的培养等。效率的最大化和效益的最优化是高效课堂必不可少的因素,只有这两方面都实现的课堂才是真正的高效课堂。提高课堂教学效率一直是高校追求的目标。当前课堂教学改革的目标也是探讨如何投入最少的人力、物力、财力等取得更大的教学效率和效益。

第二节　高效课堂的认识误区

在传统教学中,教师在课堂上照本宣科、一讲到底,学生被动接受知识,这样的课堂不尊重学生的情感体验,不注重学生素养的提升,不能激发学生学习的兴趣。因此,我们期待高效课堂的出现。在深入高校开展调研时,我们发现教师们普遍反映教学工作量比较大、教材容量大、任务重,他们眼中的高效课堂往往评判标准不一,认识的误区主要集中在以下几个方面。

一、把高容量课堂等同于高效课堂

所谓高容量课堂其实只是课堂教学中教师传授的知识量与教学时间的比值达到最大化,而不是学生学习效果的最大化。每次上课,教师上讲台面对教案、课本或 PPT 一讲到底,上课没有激情,课堂死气沉沉,学生听课云里雾里,不知所云。教师上课虽然很认真、很辛苦,值得尊敬,但这种做法实不可取。虽然教学任务很重,但要考虑学生的认知水平和接受能力,不能一味地灌输知识,这是不科学、不合理的教学。有的教师为了增加课堂容量,不管有用无用,不分轻重主次,不论深浅难易,都给学生灌输,这种教学方法不利于师生互动,课堂效率显然不高。可见,这种高容量课堂并没有带来高效果、高效率,反而影响了学生学习的激情和动力,这种大容量的课堂实质上是无效课堂。

二、把高强度课堂等同于高效课堂

高容量课堂必然是高强度课堂。课堂教学的容量和强度都需要有一个度,不可超越学生的认知能力。为了在有限的时间内完成教学任务,教师往往加大教学强度,教学效果并不理想。如需要学生十分钟阅读的内容,要求在五分钟之内完成,而当教师布置下一个学习任务时,大多数学生还停留在上一个任务中,这样,学生就被动地被教师牵着鼻子走,感觉很疲惫。高强度课堂会使部分学生失去学习的信心和动力,逐渐放弃对学习的追求,导致课堂教学的无效。虽然有些教师变“满堂灌”为“满堂问”,教学方法有了创新,但抓不住关键点,提出的问题简单、空泛,结果是课堂教学内容空洞,教学过程效果不佳。因此,“满堂问”取代“满堂灌”并不能代表课堂教学的进步,这样高强度的课堂也只能是无效课堂。

三、把抓高分课堂等同于高效课堂

当前部分高校的教学仍然是传统教学理念为主,教学评价单一,无论是期中评价还是期末评价都以考试为主要考核方式,考试题目死板,靠机械记忆应付过关。这种考核方式不能公正评价学生的水平与能力,因为学生在考试中往往审题思路不清、解题方法不科学、组织答案不规范,获得高分的学生并不多。要想学生在考试中获得较高的成绩,就必须提高他们的解题能力和熟练程度,就会出现题海战术。"授人以鱼不如授人以渔",在应试教育理念下就被误读为解题方法指导和解题技巧训练,高效课堂也被误认为就是抓高分课堂。这种抓高分课堂不可能是高效课堂。

四、把死记硬背的课堂等同于高效课堂

考试用于检验学生学习的情况,通过考试给予学生某门课程的成绩,这对学生的影响比较大。但是如何理解考试的目的,就成了衡量教师对于高效课堂认识高度的关键点。很多教师到期末就出题对学生进行考试,学生通常临时背一些答案或者笔记应付考试,短时间内当然有效,但是这种做法之下的课堂教学效率很低,课堂缺乏人文魅力。对于书本中呈现的人生情感缺乏体验参与,忽视学生综合素质的提高,使学生兴趣日减,为了考试拿高分而机械地死记硬背,这种教学没有教给学生什么实际内容,一味教那种死记硬背的方法,对于学生个人的发展没有什么好处,这种课堂不是高效课堂。高效课堂关键在一个"效"字,究竟是否有效?高效、低效还是无效?这些问题都是需要在高效课堂中解答的问题。如果高效课堂的内涵被曲解为课堂教学容量大,提出并解答问题多以及教会学生科学审题、规范答题,那么这种课堂实质上还是低效课堂。

第三节　高效课堂的主要特征

所谓高效课堂,是指在教师的指引下,学生独立思考去完成任务,最终收获一个完美的教学效果,使得学生在各方面协同发展。什么样的教学效果才算是好的效果?作者认为主要表现在两个方面:首先看教师能否充分调动课堂气氛,使课堂充满激情,并最终完成预期的教学目标;其次看学生的学习兴趣是否浓厚,思维是否活跃,是否真正参与到课堂当中与教师共同完成了教学任务并掌握了所学知识,能够运用流畅、通顺的语言表达自己的观点。那么,什么样的课

堂才是高效课堂呢？高效课堂的基本特征有六个,分别是主动性、互动性、生成性、展示性、差异性和高效性。

一、主动性

主动性是指个体按照自己规定或设置的目标行动,而不依赖外力推动的行为品质。学生的主动性主要通过兴趣、爱好以及深层次的价值观的驱动,而不是外在因素,如教师、父母强迫其学习。其建立的途径需要从两方面着手:首先,发挥学生主动性的前提是要建立融洽的师生关系;其次,主动性发挥的基础是创设开放、包容、民主、合作的课堂氛围。作为教师,高效课堂主动性的提高,就应该通过提高课堂的趣味性来增加学生对知识的兴趣,进而增强课堂学习的主动性。

二、互动性

传统课堂的弊端之一就是师生缺乏互动性,教师在传统观念的影响下,视自己为"知识权威的化身",对课堂进行控制,进行单方面地讲授,"教"支配"学"。学生只是一味地接受、记忆、模仿,许多创新的想法、兴奋点被扼杀。长此以往,学生自然觉得课堂知识无趣,厌学的态度便由此产生。这样的课堂是低效的。我们所提倡的高效课堂是通过师生的互动来实现的。教师要与学生展开互动、交流、合作,共同合作探究,以实现知识的获得,做到教学相长。这样才能发挥教师的主导作用,真正提高人才培养的质量。

三、生成性

生成性主要指在课堂教学中一些预设之外的新的知识和过程的生成,包括"资源生成"和"过程生成"。教师重视这些资源,教学过程中才可能有真实有效的师生互动和生生互动。因而,教学设计和准备的重心,是放在如何充分地了解学生、把握学生在课堂中的真实状态,放在如何解读课本文本和教学任务的具体要求以及根据自己对学生的了解而增强教学的切实性上。课堂生成性教学锻炼了学生的创造性思维品质,培养了创新意识。生成的知识既源于课本又高于课本,而且生成的过程比起知识本身更有价值。

四、展示性

展示性是指在课堂上检验教师的教学预设情况,学生进行成果展示。当然,这样的成果是五花八门的,有对也有错,这样包容性的课堂才是真正的新理念改革的课堂。让学生们尽情地展示,这样才有成就感、进步感、落后感、紧迫感,"你追我赶"才能促进学生的进步成长。通过展示自己的成果,不仅能够检查学生掌握知识的情况,而且能够培养学生多种能力,如学生逐个汇报,能够培养学生的语言表达能力、分析能力等。

五、差异性

差异性是说班级内有基础差和基础好的学生的差异性。但是,在高效课堂中学生是平等的,在发言的机会上、在展示成果的机会上、在探究问题的机会上都是均等的。教师在设计问题时要分层设计,难易不同、深浅不同、形式不同。针对学生的差异性,要求教师因材施教、因势利导、对症下药,"一把钥匙开一把锁"。不同差异的学生都能得到肯定认可,都能体会到自身价值实现的喜悦。俗话说"一花盛开不是春",我们要的是百花齐放、百花争艳,这样我们的课堂才能变得丰富多彩。

六、高效性

高效课堂无疑是注重课堂教学的效率及效果的。在高效课堂中,不仅要完成知识的疏导及传授,达成教学目标;更重要的是,要树立起学生对学习的全新认知,激发学生对学习的热情,培养学生的自主学习习惯。高效课堂要实现真正意义上的高效性,就需要提升教学能力,建立完善的教学体系,这也是现阶段高效课堂的发展目标。高效课堂要想做到真正的自主高效,就必须要将最大化效益和最大化效率两者和谐统一,否则高效就只是一句空话。换句话说,只有建立全维度的教育教学体系,努力强化教学成效,以最低的教学成本创造最好的教学质量,才能真正规划好教学内容和时间安排,使高效课堂不再是一句口号,而是能够真正发挥课堂本来的作用,培养学生更多的能力。

第四节 让课堂洋溢生命感

一、让课堂充满爱的阳光

高效课堂不仅具有主动性、互动性、生成性和高效性等特征,而且应该具有爱的情感。因为教育是一个充满爱的事业,著名特级教师霍懋征说过:"没有爱就没有教育,没有兴趣就没有教育。"教育家捷尔任斯基也说过:"谁爱孩子,孩子就爱他,只有爱孩子的人,他才能教育孩子。"由此可见,教师的关爱与学生的学习兴趣有着紧密的联系,每一位学生都希望得到爱的精神雨露。如果教师在课堂教学中能全面渗透爱的教育,在师生间建立起真挚的感情,并教会学生将这份爱传递给他人、社会和自然的一草一木,就可以收到神奇的教学效果。

教师在教学中要真诚地关爱学生,要潜移默化地向学生渗透爱,以此来健全其人格,完善其心理品质,使他们在校园这个大家庭里快乐成长。在教学中教师要注意多与学生沟通,认识学生,了解学生,营造充满爱的课堂才能使课堂教学实现双赢。一个课堂对于大学生的吸引力通常只有几分钟,如果一个教师上课没有艺术,课堂死气沉沉,学生很快把视线转向手机或者别的地方去。一个没有互动或者魅力的课堂,毫无生命力可言。因此,寻找能被大学生接受的课堂教学方法显得尤为重要。尊重个性发展,追求生命价值,崇尚思维的碰撞,师生互动互爱的课堂才是幸福的课堂。营造充满爱的、具有生命力的课堂才能激发师生的活力与创造力。心理学家汤姆金斯认为:"情感是可以激发人类活动的内驱力,具有激发有机体行动的放大媒介作用。"博尔诺夫认为:"教育教学质量的好坏取决于教学环境中师生之间情感的交流与互动的态度,取决于课堂氛围是否温馨有爱。"

爱是教育成功的根基,爱拉近了师生间情感的距离。爱让学生充满了求知欲和信心,爱的情感促进了教学的高效率。学生毕竟是学生,他们有懂事也有犯糊涂的时候,请用温暖、充满浓浓爱意的心去包容他们,去感化他们,学会欣赏他们,他们就会爱学校、爱老师、爱学习、爱课堂。

二、课堂是开启学生心灵的地方

课堂是心灵交融的美好过程,也是让人性变得更美好的地方。诚如陶行知所说:"真教育是心心相印的活动,唯独从心里发出来,才能达到心灵的深处。"苏霍姆林斯基说过:"教育,这首先是关怀备至地、深思熟虑地、小心翼翼地触及年轻的心灵,在这里谁有细致和耐心,谁就能获得成功。"是的,课堂教学的核心不在于传授本领,而在于激励、唤醒和鼓舞。

在教学过程中,师生可在交互中实现心灵的对接。课堂互动是一个动态的过程,师生在持续交互作用中交换思想、情感,通过心灵的对接、意见的交换、思想的碰撞,实现知识的共同拥有和个性的发展。通常课堂教学的互动主要有两种:师生互动和生生互动。师生互动是指教学过程中,师生互相沟通、共同探讨、共同研究,在这一过程中,教师给学生以指点,学生给老师以启发,相互促进,共同发展;生生互动是指学生间摆脱了冷漠的学习方式,在学习活动中,互相合作、互相沟通,共同提高学习效益。

现在不少教师有这样的感觉：与学生沟通越来越不顺畅，有事要去交谈时，往往与学生还没说上几句，学生就显得不耐烦，不愿交谈。可能教师忽略了最重要的东西，那就是倾听。教师经常以说教者的身份存在，很少倾听学生说话，甚至拒绝、打断学生的表达，给学生内心带来伤害，久而久之，学生就不愿说话。所以，掌握倾听的技巧是一种教育能力，也是教师应该具备的教学方法。

成功的教育，关键在于得到学生内心的理解和认同。如果师生关系好、感情好，学生自然会打开接受教育的闸门，使你的话源源不断地流入他的心田。教师的教育，通过感情的正向作用就会产生积极的效应，与学生内心向上的愿望结合起来，化作进取的力量。

三、课堂是激活思维的地方

(一)教师巧设问题，激发学生的创新思维

在课堂中，教师根据所学内容巧设问题，激发学生的创新思维，给学生自主交流、互动、讨论问题的空间，这不仅能活跃课堂气氛，还能有效促进师生的交流沟通。另外，教师的引导促使学生学会抓住问题的关键来思考与联想，让学生明白只要抓住问题的本质，就可以对问题分析清楚、到位，解决问题就比较容易。同时，还可以通过改变教学环境，创造有利于学生思维能力发展的思维课堂。例如，根据教学目标，巧妙设置一些问题，并通过问题引发学生去思考，让学生去自主探究，培养学生发现问题、分析问题和解决问题的能力。为更好地培养学生的创新思维，教师首先要提高自己的教学能力，丰富自己的专业知识，精心设计一些有趣的教学活动，鼓励学生积极发问，以培养学生的自主能力、思维逻辑，提高学生的创造力。

(二)巧妙精心设问，敢于逆向思考

逆向思维指的是改变平常的顺向思维，从另一个角度分析问题，将往常的想法颠倒过来，是一种高效的思维方式。教师在教学中要

善于观察学生的表现,当学生遇到难题时,要主动引导他们避免用固定的思维来分析问题,鼓励他们尝试用逆向思维来思考问题,这样可以克服思维的局限性,提高解决问题的效率。培养学生的逆向思维,对于他们的逻辑思维辨别能力的发展具有推动作用,有利于学生对问题的理解和事务的解决。例如,学生进入大学以后,学习的课程多了,知识的难度加大了,运用知识的要求提高了,要求学生解答各种推断题和探究题,这考验学生的逻辑思维能力,如果学生掌握知识不牢固,逻辑思维能力不强,那么解答这些题目就会感到力不从心。培养学生的逆向思维能够提高学生的思辨能力,对学生构建自己的知识体系有很大的帮助。如果学生不能够把知识点与知识点之间联系起来,就会导致所学知识点变得散乱,无法形成一个完整的思维逻辑系统。

(三)创设特殊情境,激发学生的辩证思维

教学情境是教师根据教学目标和内容,有目的地创设服务于学生学习的一种特殊的教育环境。在课堂教学中创设特殊情境有利于激发学生的辩证思维。辩证思维是反映符合客观事物辩证发展过程及其规律性的思维。它是人类特有的一种重要的思维方式,是从变化发展的角度去认识事物的思维方式,它要求我们观察事物、分析问题要有动态发展的眼光。课堂是培养学生辩证思维的好地方,在课堂教学中,可以通过让学生积极参与、内化、吸收所学内容去实现教学的目标。情境教学一方面是理论联系实际的有效载体,另一方面教师需要在学生的角色体验中把传递正能量作为教学目标。特殊情境提供了调动学生的原有认知结构,经过思维的内部整合作用,顿悟或者产生新的认知结构。

"一流教师教思想",在一定意义上说明了思维引导在教学中的重要性。辩证思维作为思维的最高形式,无论是学生还是教师本人,若能很好地掌握其精髓,在生活中自然而然运用,那么,遇到复杂问

题时将会胸有成竹,说话有条理,解决问题步骤清晰,办事成功率较高。

第五节 情感体验和品质提升是课堂的灵魂

作为教师,要根据学生的实践情况,选取学生感兴趣的话题,联系生活实际编制出符合学生特点,针对性强、实用性强的教材,让学生在轻松愉悦的学习中真正了解生活、体验生活、感悟生活,将自己所学的知识结合自身的理解运用到具体生活问题中去,在思考问题、分析问题、解决问题的过程中感受知识的重要性,体会到生命的重要意义,实现知识与技能、情感与价值观的共同提升。高效课堂的核心是思维训练和能力培养,高效课堂的灵魂是情感体验和品质提升,我们要把学习的权力充分交给学生,把主持课堂的权力交给学生,让学生真正成为学习的主体,成为课堂的主人。在教学过程中,我们要遵循"相信学生、解放学生、依靠学生、发展学生"的教学理念,大胆放手,给学生充分的时间和空间,让他们在课堂上尽情地讨论和展示,说出自己的观点、提出自己的意见,充分发挥每个人的想象力和创造力,做"真正的自我",不必害怕同学的不满,不必担心老师的批评,因为"你"就是课堂的主人,真正实现"我的课堂我做主"。只有教师的"放手",才有学生的"创造",只有教师的"信任",才有学生的"发挥"。"相信学生、解放学生、依靠学生、发展学生"是高效课堂走向成熟的根本理念。

高效课堂基于问题的解决,而提出问题比解决问题更重要。只有巧设问题并通过问题引领教学,才能培养学生分析问题和解决问题的能力。没有任何问题的课,不是一节好课;不能解决问题的课,是一节没有意义的课;不能引发学生思考的课,是一节没有价值的课。

　　作为教师,要经常反思自己所上的课是否高效,要总结经验,不断提高教学质量,要积极探索在教学中引人向善,要融情感态度价值观于课堂教学之中,要善于巧设问题,通过问题培养学生的思维与能力,因为思维的碰撞能产生思想的火花,情感的体验与升华能促进学生的成长。总之,我们要记住:高效课堂的高效不是教师教得高效,而是学生学得高效。

第二章

混合式教学概述

第一节　混合式教学的时代背景

一、教学方式和方法的改革离不开信息化的支持

"双一流"指明了 21 世纪中叶之前中国高等教育发展的目标和任务,明确指出要"突出人才培养的核心地位"。这说明在当前"重科研,轻教学"的氛围下,国家的指导思想依然将承担人才培养主体职能的教学工作界定为高校的核心工作,以此确保教学工作在高校内的中心地位不会动摇。

高校的人才培养质量一直是大家关注的热点。当前,我国高等教育已经从精英教育阶段步入大众化教育阶段,规模虽然扩大了,但是人才培养的质量与国家的需要、市场的需求、民众的期待还有相当大的差距。扩招之后,高校不得不采取扩大班额、合堂授课、跨校区授课等办法解决师资力量不足的问题,与此同时,大量年轻教师被迅速安排到教学岗位,教学经验的缺乏、教学精力投入不足、教师培训不到位等弊端又导致教学上"满堂灌"的现象非常严重。教学理念陈旧,教学方式单一,师生交流减少……这样的高校课堂已经不能适应差异性越来越大的人才培养需要。因此,在规模相对已经稳定的基

础上,如何提高高校人才培养质量是当前及今后相当一段时间内高等教育发展的重中之重。

教学方式和方法是高校教学改革的难点。教学工作的常规性问题是"教师怎么教"和"学生怎么学",这也是"高等学校本科教学质量与教学改革工程"聚焦的两个主要问题。近些年,高校在这两个方面做了大量的改革和创新,取得了一些效果,但是问题依然严重。中国高等教育学会副会长陈浩再次呼吁:"已是沉疴顽疾的落后教学方法,成了大学教改挥之不去的心头之痛,不进行一场教学方法的革命性变革,不足以搬掉阻碍人才培养质量提升的一大屏障。"

教学方式和方法的改革离不开信息化的支持。21世纪是信息化时代。以计算机与互联网为代表的信息技术发展迅速,为教育教学改革和创新发展注入了新活力。在我国,信息化已经上升为国家战略,国家提出了"没有信息化就没有现代化""信息技术对教育发展具有革命性影响""以教育信息化带动教育现代化""互联网改变了教育生态"等重要论断,并提出了"信息技术与教育教学深度融合"的建设目标和要求。

信息化时代,大学生作为互联网的"土著"和新媒体的"弄潮儿",生活方式、学习方式乃至思维方式都发生了改变;传统的学校教学环境、老师的教学方法和教学内容等已经难以适应当代大学生的学习需求。这种情况下,如何寻求教学方式的突破,实现"技术促进学习",是所有教育者必须思考的问题。换句话说,高校的教学改革,特别是教学模式(包含教学方式和方法)的改革,也必须适应信息化时代要求,依赖信息技术的支撑。

二、混合式教学成为教学改革的重点

混合式学习(对教师而言,称为"混合式教学",由于两个术语的内涵是相同的,因此本书将这两个术语视为一致),被认为是最有效的学习方式。2009年,美国教育部在混合式教学的研究报告中提出,混合式教学比单纯的面对面课堂教学、单纯的远程在线学习效果更明显。斯隆报告对美国在线教育 11 年发展的跟踪研究表明,70% 的院校领导认为他们将有 40% 的混合课程。

在国内,早在 2006 年,北京师范大学的信息技术研究团队认为"混合式教学是 ICT(信息通信技术)教学应用的主要趋势";2015 年,清华大学的教育技术研究团队提出"教育教学改革开始迈上混合教育新阶段";清华大学副校长杨斌认为"混合式教学正在形成一种新的学习范式";2016 年,施一公也提出"大力推进基于在线学习的校内混合式教学"。政府层面,2016 年,教育部在《关于中央部门所属高校深化教育教学改革的指导意见》中也提出"推动校际校内线上线下混合式教学改革"。

尽管众多专家、学者和研究机构认为混合式教学有明显优势,但是,将面授和在线两种教学方式结合起来,教学质量有没有真正的提高？ 假如提高了,教学有效性又具体体现在哪些方面？ 如何判断和界定混合式教学的效果？ 诸如此类问题,无论美国教育部的混合式教学研究报告,还是斯隆报告,都没有给出明确和具体的研究结果。

此外,清华大学的团队还发现,混合式教学的学术研究面向课程的教学设计较多,但是促进教育教学变革的战略性高度不够,理解片面化,没有引起教育管理者和办学机构的高度重视;国内高校还没有清晰的、长期的混合式教学发展愿景和战略,还缺乏系统、持续的混合式教学的研究和评价机制。

三、混合式教学有效性评价研究的意义

如何将传统课堂授课与在线学习两种教学效果评价体系融合,构建科学、合理、具有可操作性的高校混合式教学评价指标体系,并通过评价、测量、界定和总结混合式教学有效性特征,是本书的核心研究内容。围绕该研究内容,可以派生出以下四个具体的研究问题:如何构建混合式教学有效性评价的概念框架？ 如何构建混合式教学

有效性评价指标体系？如何应用评价指标体系验证混合式教学的有效性？混合式教学有效性的构成要素有哪些？

对混合式教学有效性的核心内容和四个具体问题的研究具有以下重要意义。

（一）学术价值

在前人研究的基础上，结合当前教育教学的新形势，重新梳理混合式教学系统中的要素，进一步探索混合式教学的本质和原理，并在实践过程中，总结混合式教学的规律，同时通过科学的历程，构建混合式教学质量评价体系，验证混合式教学的效果，弥补现有研究的不足。

（二）应用价值

在混合式教学模式逐渐成为高校教学的新常态之后，现有的教学质量评价体系已经不再适用，因此，政府教育评价部门、院校教务管理部门和一线老师都迫切需要一套新的教学质量评价体系。

第二节　重新认识混合式教学

一、混合式教学

自 21 世纪初出现混合式教学概念之后，国内外学者对混合式教学有多种定义，总结起来不外乎两种，一种是广义上的概念，认为混合式教学是将多种学习理论、教学媒体、教学模式等进行混合，以此取得最优的教学效果。另一种是狭义上的概念，认为混合式教学就是面对面教学和在线学习的混合。混合式教学概念的多样性，使得混合式教学的内涵和研究内容泛化，导致大家对混合式教学存在理解上的模糊性，限制了混合式教学理念和模式在实践中的应用。

混合式教学概念的多样性、内涵的模糊性问题已经引起学者们的重视。美国印第安纳大学 Curtis J. Bonk（2009）在接受《中国电化教育》杂志采访时再次表示：混合式教学是教育领域的一个专业概念,把混合式教学界定在面对面教学与在线学习的结合这样一个范围内是恰当的,并且提出应该关注如何使混合式教学更有效。

　　然而,围绕面对面教学和在线学习所占课程内容和学时的比例不同,学者的不同意见又再次让混合式教学的定义出现歧义。例如,有学者认为,在线内容(网络技术)所占比例为30%～79%的称为混合式教学,低于30%的称为网络辅助教学,高于80%的称为在线教学。也有学者认为,混合式教学里面授课时至少为80%。还有学者认为,只要应用网络教学平台辅助课堂教学的,都是混合式教学。

　　从课程内容和学时比例的角度界定混合式教学,方法"僵硬",不仅形式上与网络辅助教学容易混淆、引起歧义,而且在内涵上偏离了"融合"和"有效"两个基本要求。让各种要素不只是物理上"混搭"在一起,而是化学上"融合"在一起,取得最优化的深度学习效果,才是混合式教学的真谛。

　　因此,为了避免混合式教学在概念上泛化,让混合式教学更易于理解和更具可操作性,本书总结了"面授和在线学习相结合"在三个发展阶段的主要特征,如表2-1所示。同时,根据特征描述,把混合式教学界定为:把面对面教学和在线学习两种方式有机融合在一起,能够从根本上改变课堂教学结构,并体现以"学生为中心"的一种现代化的教学模式。

表 2-1　混合式教学与网络辅助教学的对比

第一阶段:资源建设	第二阶段:网络辅助	第三阶段:混合式教学
教师需要将课程简介、教师信息、课程标准、教学日历、考核办法、授课教案、参考资料等教学基本信息和主要教学材料"攒"到网络教学空间	教师在共享教学资源的同时,需要"用"网络教学空间发布课程通知、开展学情调查、布置和批改作业、组织网上讨论和答疑、完善试题库和组织在线测试等	教师在利用网络学习空间的基础上,需要转"变"教学模式。课程组教师开展协同备课、授课,形成课程建设合力;灵活运用翻转式、探究式、讨论式、协作式等教学方式,形成具有一定特色的课程信息化教学模式

二、有效教学

有效教学的理念源于 20 世纪 20 年代美国教育界对教学科学属性的强烈追求。20 世纪上半叶,随着心理学、行为科学及实用主义哲学等不断发展,人们开始以科学的视角来看待教学,提出教学本身也是科学,对教学的研究可以采取科学的方法。于是,越来越多的研究者开始采用实验、计量等方法来研究教学问题,有效教学的概念从此出现在教育研究领域,到 20 世纪 60 年代,已经发展成为一种新的教学理论。英国学者基里亚科认为,大学有效教学就是能够激发学生学习动机,促进学生积极掌握知识、开展团队协作以及解决问题,培养批判性思维和终身学习态度的教学。

姚利民认为,有效教学是教学投入不变而教学效果最好的教学。崔允漷认为,有效教学是学生在知识、能力、素质三个方面得到全面和充分发展的教学。龙宝新和陈晓端认为,有效教学是把教师的专业素养与学生活动和课程资源实现动态转化的过程。

虽然国内外学者对有效教学的理解是仁者见仁、智者见智,但是通过讨论,不难得出大家比较一致的观点,即在界定大学有效教学的概念时应包括以下几个方面的内容:第一,要有预设的教育教学目标;第二,需要经过系统化教学设计;第三,要追求教学效果;第四,要重视学生主动性和自主性;第五,能促进学生团队合作、解决问题以及加强批判性思维。

鉴于以上分析,本书对有效教学的概念界定为:教师在一定的教学投入下,通过创设适宜的教学环境和灵活的教学模式,从而营造出和谐的师生关系,并激发出学生的学习主动性,促进学生自学、协作和解决问题的能力,最终能够达成教学目标和学生期望的教学。有效教学应包含以下特征:教学内容熟练;有明确的学习目标和有高度的挑战;有效的师生交流,给予学生迅速和适当的反馈;融洽的师生关系;灵活有效的教学方法;激发学生学习主动性,培养学生自主学习能力。

三、混合式教学有效性评价

所谓评价,就是评定价值的高低,是评价主体依据一定的评价标准,通过系统的调查分析,对评价客体的优缺点和价值进行描述、比较和做出判断的认知过程和决策过程。

何谓"教学评价"? 泰勒认为,教学评价就是把实际表现与理想教育目标相比较的过程,即"通过系统收集信息,判断实际教学活动是否达到预设目标的程度"。美国教育评价标准联合委员会认为,教学评价就是"通过系统调查教学目标和教学的优缺点,做出价值判断,从而为教育决策提供依据的过程"。中国学者程书肖认为,教学评价就是对教学工作质量所做的测量、分析和评定,包括对学生学业成绩的评价、对教师教学质量的评价和课程评价。

根据对"混合式教学""有效教学""评价"和"教学评价"概念的理解,本书将混合式教学有效性评价的概念界定为:评价主体按照混合式教学的目标,依据有效教学的原则和标准,系统性采集教学活动信息,通过定量和定性的方法,对教师的混合式课程、教学过程、学生的学习过程和效果进行测量和描述,分析混合式教学的优缺点,并做出价值判断的过程。

第三节　混合学习的发展与未来

一、混合学习的研究现状

混合学习在国外的研究始于 20 世纪 90 年代初,目前处于学习理论探索与教学应用实践相结合的阶段。研究的热点主要有:混合式学习理论基础、混合式学习应用模式、混合式学习内容与要素、混合式学习的课程设计、混合式学习影响因素及学习分析等方面。

（一）混合教学模式的理论、模式与教学设计

混合学习的理论基础尚没有统一的观点。英国的 Philip Barker 在赫特福德大学混合式学习第一届会议上提出："建构主义、认知主义和绩效支持的有机整合是混合式教学的理论基础。"

关于混合学习的模式，不同专家有基本一致的观点，包括多个层次的混合、多种形式的混合等。Harvi Singh 和 Chris Reed 认为："混合式学习包括传统学习方式和网络学习的混合、离线学习和在线学习的混合、自定步调的学习和实时协作学习的混合、结构化和非结构化学习的混合、现成内容与定制内容的混合、工作和学习的混合。"他们还认为混合式学习的形式包括同步物理（教室）形式、同步在线形式和自定步调的异步形式。印度学者 Purnima Valiath 提出，混合式学习包括技能驱动型模式、态度驱动型模式和能力驱动型模式。美国学者 Barnum 和 Paarmann 提出关于混合式学习的 4 个步骤，这 4 个步骤分别为：基于 Web 的传输、面对面加工、形成一定的产品、协作扩展学习。余胜泉认为，网络环境下的混合式教与学包括建构性学习环境设计、课堂教学、在线教学和发展性教学评价 4 个主要环节。

关于混合学习的教学设计方法，我国著名的教育技术专家南国农在 21 世纪初提倡以学生为主体、教师为主导的方法，将混合式学习思想融入信息化教学设计中。李克东教授指出，混合式教学模式不是网络教学和面对面教学的简单相加，而是涉及了不同媒体的混合、不同传输通道的混合、不同教学环境（课堂教学与网上学习）的混合，更应包括不同教学理论（行为主义、认知主义、建构主义）的教学模式混合、教师主导活动和学生主体参与的混合、课堂讲授与虚拟教室或虚拟社区的混合等。他认为混合学习本质是最优化信息传递通道的选择，并提出了信息技术与课程整合中混合学习设计的方法与要领——混合式学习设计八步骤。祝智庭认为："混合教学包括多种教学媒体的混合、多种学习模式的混合以及不同学习内容的混合。"黄

荣怀认为："混合教学包括学习理论的混合、学习方式的混合、学习资源的混合、学习环境的混合及学习风格的混合。"张立新从混合的角度、结构、关系以及复杂程度四方面将混合式学习分为四个层次：组合的混合式学习、整合的混合式学习、协作的混合式学习和扩展的混合式学习。

(二)混合教学模式的要素和影响因素

Jared M. Carman 认为，混合式学习有五个要素：实时事件、自定步调的学习、协作、评价和绩效支持材料；Badurl Khan 认为，混合式学习包括八个影响因素：教学机构、教学要素、教学技术、学习界面设计、评估、管理、有意义学习环境的支持和伦理因素；Matt Donovan 和 Melissa Carter 认为，混合式学习的关键因素是在适当的时间和适当的地点使用适当的混合方式为适当的学习者实施教学，也就是要考虑学习地点、信息传输技术、时间的安排、教学策略等。

(三)混合学习的学习评价和学习分析

混合学习通常通过两个方面获取学习相关数据：一是通过调查问卷、访谈等方式了解师生对学习的主观感受和评价；二是通过课程过程和结果数据了解，如学习平台中的访问数据以及提交作业、参加测试和参与讨论活动产生的过程和成绩数据等。获取数据后，可以采用统计分析、机器学习技术等多种方式进行分析，分析的内容通常包括学习成效的变化(如情感、知识和技能的变化)、师生对混合学习改革的态度、学生的线上学习行为特征与分类、线上学习预警与个性化学习支持等。例如，Bruff 等对于混合学习中学生的参与情况进行了研究。此外，由于 MOOC、SPOC 成为流行的在线学习形式，一些学者针对基于 MOOC、SPOC 的学习进行了分析。

从国内外的研究来看，各国专家、教育决策者一般认为，混合学习是传统面对面教学与远程线上学习的优势整合，是信息时代教育发展的主流方向，比面对面教学和在线自主学习的效果更好。

二、混合学习持续成为研究热点

世界开放与远程教育理事会（ICDE）2012年会议指出，混合学习方式渐成主流的形式，是开放与远程教育发展的五大趋势之一。2013年美国新媒体联盟（New Media Consortium，NMC）的地平线报告指出，教育范式转变的方向是在线学习、混合学习和协作学习，未来的研究热点之一为"混合学习设计应用的增长"。

我国教育主管部门在发布的《教育信息化"十三五"规划》提出要推进混合式教学改革。建立健全在线开放课程建设主体和课程平台的自我管理机制，落实课程建设、应用、引进和对外推广的工作规范，对课程平台的安全、运行及服务进行规范管理，并责成高等教育司、思想政治工作司负责具体落实。教育部在《2017年教育信息化工作要点》的第七项"促进信息技术与教育教学融合发展"的第17条"推进信息技术在教学中的深入普遍应用"中明确指出："大力推进跨学校、跨区域的网络教研活动，积极促进线上线下相结合的混合式学习模式普及"，并责成基础二司、中央电教馆、地方各级教育行政部门等部门具体落实。

综上，国内外的发展、相关的政策文件和前沿技术报告都表明混合学习已经成为世界范围内相当盛行的一种学习方式，它正受到国内外的广泛关注，势必成为大学教学改革的必由之路。

三、混合学习中需要进一步研究的论题

Curtis J. Bonk预测了混合学习未来发展的趋势。其中，最重要的有以下四点：第一，混合学习的模式和方法将会越来越多样化；第二，将来所有的课程都将是混合式课程，技术和教学内容将越来越好地融合在一起；第三，混合学习的不断发展也会在一定程度上支持教育的全球化、国际化，学生可以通过互联网找到各种各样的学习资源，与来自不同国家的地区有着相同兴趣的学习者交流互动；第四，

混合学习将会在很大程度上促进个性化的学习,学习者可以以任何他们所喜欢的方式学习任何他们感兴趣的内容。混合学习是目前高等教育及企业培训中非常重要的学习方式。归纳和总结高等教育中混合学习的特点和规律,设计和开发混合学习活动和课程方案,以及提高混合学习的有效性将成为教育技术领域研究的要点之一。

我们认为,混合学习可以应用在不同层次的学习中。学习对象的学习能力和习惯不同、不同学科的学习内容的特点不同、线下活动的形式不同等这些变化的因素决定了混合学习在具体实践中还需要深入的研究和实践。而针对高等教育中混合学习的应用而言,具体包括以下几个方面。

(一)混合学习的基本理论框架

目前开展的大部分研究通常以某个学校特定课程居多,所得成果推广价值需要进一步验证,缺少大规模的普遍应用,需要形成关于混合学习的基本理论和方法。

(二)混合学习资源的设计与评价

这包括如何设计适应线上学习的资源(包括视频和其他形式的各类资源),如何设计必要的、配套的纸质教材和实验资源等。教师单独设计开发资源成本过高,所以要探索多人共建共享的方式等。

(三)混合学习活动的教学设计、学习成效评价

这包括如何对在线学习活动和面对面的学习活动进行设计,充分融合线上和线下学习,以及如何评价混合学习的学习成效等。

(四)支持混合学习的平台设计与开发

这需要有支持线上和线下学习的学习平台,集成第三方软件,帮助学生完成学习任务,支持教师对线上学习和课堂教学的组织和实施。

(五)混合学习的学习分析与干预

基于混合学习的各类数据,借助各类方法分析学习行为,提供学

生画像、早期预警、学习反馈与指导、个性化学习等。

（六）与 MOOC/SPOC 结合的混合学习

2014 年至今，出现了大量 MOOC 资源，一些高校将 MOOC 课程以 SPOC 形式在校内非公开地开设，与本校的学分课程结合开展混合教学改革。基于 MOOC/SPOC 开展混合学习的模式和具体方法还需要进一步研究。

第三章

计算机基础课程改革研究

计算机基础教育可以推动计算机知识的普及，促进计算机技术的推广与应用，为社会培养人才。因此，加强计算机基础教育，培养学生的计算机应用能力已成为各个学校所关心的问题。本章主要研究计算机课程改革的背景、实施，以为后续 MOOC＋SPOC 混合教学模式计算机课程改革深入研究做铺垫。

第一节　计算机基础课程改革研究的背景

一、计算机的发展

从古至今，人类为了能使计算更加简便、快速，对计算工具一直进行着探索，从最早用石子、树枝计数，到之后用算盘等一些简单的物理计算工具，再到电子计算器等，每一次新的计算工具出现都是人类的进步。由于近代科学技术的发展，19 世纪初，电子管的发展大大促进了计算工具的发展。1946 年，美国宾夕法尼亚大学和有关科研机构联合制造出世界上第一台电子计算机，它的问世开创了计算工具的新时代，深刻影响着人类的发展。由于受当时的科学技术限制，计算机的体积、重量都非常巨大并且运行成本昂贵，只适用于军事领域用来计算数据。随后，人们对计算机开始了不断地研究，到了 20 世纪 80 年代,由于计算机成本的下降,计算机开始在许多政府部门、大型企业及科研机构中使用。之后,随着微电子技术的发展,中央处理器(CPU)的诞生彻底改变了计算机的面貌,使计算机成本迅速下降,体积也缩小很多。计算机开始进入家庭,从此打开了信息时代的大门。到了 21 世纪,由于集成电路的研究和应用,计算机开始广泛地运用于各行各业。

从世界上第一台通用电子计算机 ENIAC 诞生至今,计算机在人们的生活中扮演着越来越重要的角色,并且不断地改变着人们的生活方式,促进着社会的进步,创造着更加辉煌的人类文明。实践证明,它是迄今为止人类最伟大的发明之一。

计算机的发展也深刻影响着中国。近年来,随着我国计算机科学技术的发展,计算机更加深入、广泛地应用于国防建设领域、教育领域、商业领域以及工业领域等各个领域。同时,在改革开放大发展、大跨越的背景下,我国计算机用户数量与日俱增,计算机应用水平不断提升,在通信、互联网、多媒体应用、电子商务等方面都取得了不错的成绩,这些都有力地推动着我国计算机技术的发展。

第一代计算机采用的是机器语言运行处理,第二代出现了程序语言,第三代为简单操作系统,第四代采用 Windows 操作系统并沿用至今。在运行速度上,由原来很慢发展到如今几十亿次每秒的运算速度,用途也由最初只用于军事科研发展到如今人人可以拥有计算机。从其发展历史中不难发现,在应用需求的强大驱动和网络技术的迅速发展下,未来计算机在性能方面正向着巨型化、微型化、网络化和智能化的方向发展。

(一)计算机功能方面的巨型化

在未来,计算机应该具备超大的存储空间,更快的运行速度(一般可以达到几百亿次每秒),功能方面也应更加多元化。另外,在军事领域和科研领域中还需要更大存储量、更快运行速度的超级计算机。

（二）计算机体积上的微型化

由于集成电路迅速发展，大规模、超大规模的集成电路在计算机中广泛使用，中央处理器（CPU）的诞生和不断更新换代，大大降低了计算机的成本，缩小了计算机的体积。另外，软件行业迅速发展和计算机外部设备趋于完善，以及新的操作系统问世，使计算机操作起来非常简便、功能强大。这些技术上的突破使微型计算机渗透进社会的各个领域，逐步走进人们的生活。随着新世纪微电子技术的进一步发展，计算机从体积上更趋于微型化，从台式机到笔记本，再到现在的掌上电脑、液晶电脑、平板电脑等，人们可以随身携带计算机，随时随地使用它。未来计算机会不断趋于微型化，还会出现体积更小的计算机。

（三）计算机的网络化

由于信息通信技术不断发展，将世界各地的计算机通过互联网连接在一起，拉近了人与人之间的距离，人们可以足不出户就浏览到世界各地的信息、风土人情，同时人们的沟通变得更加方便，网络中的资源也得到了极大的共享。未来，计算机网络化会进一步加深，发展速度更快、应用范围更广。

（四）计算机的人工智能化

第四代计算机在运行速度和功能方面都已经很高了，但比起人脑的逻辑能力仍显得笨拙。人们一直在探索如何让计算机具有人的思维能力，使计算机可以与人沟通交流，这也正是第五代计算机所要达到的目标，将人工智能与计算机结合，使其具备人的逻辑判断能力，可以学习、思考和与人类交流。到那时，人们不用通过编码程序来运行计算机，而是通过发出指令或提出要求来操作计算机。

（五）其他技术在计算机中的应用趋势

我们现在所用的中央处理器的基本元件是晶体管，由于处理器不断地更新换代，硅技术的发展也越来越接近其自身的物理极限。

要打破限制计算机硬件发展的瓶颈,就要从计算机的结构、元件等方面加以改革,使之发生质的飞跃。高新技术的不断发展,为计算机发展提供了强大的动力。未来,光电技术、量子技术、纳米技术、生物技术都会与计算机结合,并创造出新型计算机。

二、计算机的特点及广泛应用

计算机的出现是一个逐渐演变的过程,它的诞生是人类智慧逐步累积,从量变到质变的一次飞跃。

(一)计算机的特点

计算机是迄今为止人类发明的智能、精密的设备之一,有着广泛的应用领域,并具有如下特点。

1.运算速度快

运算速度是计算机一个重要的性能指标。计算机的运算速度通常用每秒执行定点加法的次数或平均每秒执行的指令条数来衡量,运算速度快是计算机的特点,计算机的运算速度已由早期的每秒几千次(如 ENIAC 机每秒仅可完成 5000 次定点加法)发展到现在普通的微型计算机每秒都可执行几十万条指令,而巨型计算机的运算速度最高可达每秒几千亿次乃至万亿次。随着计算机技术的发展,计算机的运算速度还在提高。计算机高速运算的能力极大地提高了工作效率,把人们从脑力劳动中解放了出来。过去由人工旷日持久才能完成的计算,计算机在"瞬间"即可完成,曾有许多数学问题,由于计算量太大,数学家终其一生也无法将其解决,现在使用计算机则可轻易地解决。比如,天气预报需要分析大量的气象资料数据,单靠手工完成计算是不可能的,而用巨型计算机只需要十几分钟就可以完成。

2.计算精度高

在科学研究和工程设计中,对计算结果的精度有很高的要求。

一般的计算工具只能达到几位有效数字(如过去常用的 4 位数学用表、8 位数学用表等)的精度,而数据在计算机内是用二进制数编码的,数据的精度主要由表示这个数据的二进制码的位数决定,这样就可以通过软件设计技术来实现任何精度的要求。目前,计算机中数据结果的精度通常可达到十几位、几十位有效数字,还可以根据需要达到任意的精度。

3.存储容量大

计算机的存储器类似人的大脑,可以存储大量的数据和计算机程序,这使计算机具有了"记忆"功能。因为有大容量存储器,计算机在计算的同时,还可以把中间结果存储起来,供以后使用。计算机存储器容量大小也是衡量一台计算机性能高低的一个重要标志。目前,计算机的存储容量越来越大,最大存储容量已高达千亿字节。

4.具有逻辑判断功能

人是有思维能力的,而思维能力本质上是一种逻辑判断能力。计算机借助逻辑运算也可以进行逻辑判断,并根据判断结果自动确定下一步该做什么。计算机的运算器除了能够完成基本的算术运算外,还具有进行比较、判断等逻辑运算的功能。这种能力是计算机处理逻辑推理问题的前提,也是计算机区别于其他机器的最基本特点。

5.可靠性高

随着微电子技术和计算机技术的发展,现代计算机连续无故障运行时间可达到几十万小时以上,具有极高的可靠性。例如,安装在宇宙飞船上的计算机可以连续几年可靠地运行。计算机应用在管理中也具有很高的可靠性,而人却很容易因疲劳等原因出错。另外,计算机对不同的问题只是执行的程序不同,因而具有很高的稳定性。

6.自动化程度高,通用性强

计算机的工作方式是将程序和数据先存放在机内,工作时按照程序规定的步骤自动完成运算,无须人工干预,因而自动化程度高,这一特点是一般计算工具所不具备的。计算机通用性强的特点表现在其几乎能解决自然科学和社会科学中的一切问题,能广泛地应用于各个领域。现代计算机不仅可以用来进行科学计算,还可用于数据处理、实时控制、辅助设计、办公自动化及网络通信等,通用性非常强。

(二)计算机的应用

计算机的应用已渗透到社会的各行各业,正在改变着人们传统的工作、学习和生活方式,推动着社会的发展。

1.科学计算

科学计算是指利用计算机来完成科学研究和工程技术中提出的数学计算,即数值计算,是计算机应用的一个重要领域。在现代科学技术工作中,科学计算问题是大量的和复杂的。科学计算利用计算机的高速计算、大存储容量和连续运算的能力,可以解决人工无法解决的各种科学计算问题。例如,建筑设计中为了确定构件尺寸,可通过弹性力学导出一系列复杂方程来进行。计算机不但能求解这类方程,而且可以引起弹性理论上的突破,出现"有限单元法"。计算机的发明和发展最先是为了完成科学研究和工程设计中大量复杂的数学计算。没有计算机,许多科学研究和工程设计,如天气预报和石油勘探,是无法进行的。

2.数据处理

数据是用于表示信息的数字、字母、符号的有序组合,可以通过声、光、电、磁、纸张等各种物理介质进行传送和存储。数据处理一般泛指非数值方面的计算,是对各种数据进行收集、存储、整理、分类、统计、加工、利用、传播等一系列活动的统称。

数据处理从简单到复杂,经历了四个发展阶段。

(1)电子数据处理。它以文件系统为手段,实现一个部门内的单项管理。

（2）管理信息系统。它以数据库技术为工具，实现一个部门的全面管理，以提高工作效率。

（3）决策支持系统。它以数据库、模型库和方法库为基础，帮助管理决策者提高决策水平，确保运营策略的正确性与有效性。

（4）专家系统。专家系统是一种具有大量特定领域知识与经验的程序系统，它应用人工智能技术，根据某个领域一个或多个人类专家提供的知识和经验进行推理和判断，模拟人类专家求解问题的思维过程，以解决该领域内的各种问题。

3.过程控制

过程控制也称自动控制、实时控制，是涉及面很广的一门学科，在工业、农业、国防以及人们的日常生活等各个领域都有广泛应用。例如，由雷达和导弹发射器组成的防空系统、地铁指挥控制系统、自动化生产线等都需要在计算机的控制下运行。又如，在汽车工业方面，利用计算机控制机床和整个装配流水线，不仅可以实现精度要求高、形状复杂的零件自动化加工，还可以使整个车间或工厂实现自动化。

4.计算机辅助工程

计算机辅助系统是近年来迅速发展的一个计算机应用领域，它包括计算机辅助设计（CAD）、计算机辅助制造（CAM）、计算机辅助教学（CAI）等多个方面。CAD广泛应用于船舶设计、飞机设计、汽车设计、建筑设计、电子设计；CAM是使用计算机进行生产设备的管理和生产过程的控制；CAI使教学手段达到一个新的水平，即利用计算机模拟一般教学设备难以表现的物理现象或工作过程，并通过交互操作，可以极大地提高教学效率。

5.办公自动化

办公自动化（OA）是指用计算机帮助办公室人员处理日常工作。例如，用计算机进行文字处理、文档管理以及资料、图像、声音处理等。它既属于信息处理的范围,又是目前计算机应用的一个较独立的领域。

6.数据通信

计算机通信是20世纪开始迅速发展起来的利用计算机进行数据通信的手段,它的出现极大地改变了人们进行信息交互的方式,是一种真正意义上的全天候、全双工通信。计算机网络技术的发展,促进了计算机通信应用业务的开展。目前,完善计算机网络系统和加强国际信息交流已成为世界各国经济发展、科技进步的战略措施之一,因而世界各国都特别重视计算机通信的应用。多媒体技术的发展给计算机通信注入了新的内容,使计算机通信由单纯的文字数据通信扩展到音频、视频和活动图像的通信。国际互联网的迅速普及,使网上会议、网上医疗、网上理财、网上商业等网上通信活动进入了人们的生活。随着全数字网络 ISDN 和 ADSL 宽带网的广泛使用,计算机通信进入了高速发展的阶段。总之,以计算机为核心的信息高速公路的实现,将进一步改变人们的生活方式。

(三)计算机应用的新发展

1.普适计算

普适计算又称普存计算、普及计算,这一概念强调将计算和环境融为一体,而让计算本身从人们的视线里消失,使人的注意力回归到要完成任务的本身。在普适计算的模式下,人们能够在任何时间、任何地点以任何方式进行信息的获取与处理。

普适计算的核心思想是小型、便宜、网络化的处理设备广泛分布在日常生活的各个场所,计算设备将不止依赖命令行、图形界面进行人机交互,而更依赖"自然"的交互方式,计算设备的尺寸将缩小到毫米甚至纳米级。在普适计算的环境中,无线传感器网络将广泛普及,在环保、交通等领域发挥作用,人体传感器网络会大大促进健康监控及人机交互等的发展。各种新型交互技术(如触觉显示等)将使交互变得更容易、方便。

普适计算的目的是建立一个充满计算和通信能力的环境,同时使这个环境与人们逐渐地融合在一起。在这个融合空间中,人们可以随时随地、公开地获得数字化服务。普适计算的含义十分广泛,所涉及的技术包括移动通信技术、小型计算设备制造技术、小型计算设备上的操作系统技术及软件技术等。

在信息时代,普适计算可以降低设备使用的复杂程度,使人们的生活更轻松、更有效率。普适计算是网络计算的自然延伸,它不仅能够使个人计算机连接到网络中,还能让其他小巧智能设备连接其中,从而方便人们即时地获得信息并采取行动。

2. 网格计算

随着超级计算机的不断发展,它已经成为复杂科学计算领域的主宰。但超级计算机造价极高,通常只有一些国家级的部门(如航天、气象等部门)才有能力配置这样的设备。而随着人们日常工作遇到的商业计算越来越复杂,越来越需要数据处理能力更强大的计算机,而超级计算机的价格显然阻止了它进入普通人的工作领域。于是,人们开始寻找一种造价低廉而数据处理能力超强的计算模式,网格计算应运而生。

网格计算是伴随着互联网而迅速发展起来的专门针对复杂科学计算的新型计算模式。这种计算模式是利用互联网把分散在不同地理位置的计算机组织成一个"虚拟的超级计算机",其中每一台参与计算的计算机都是一个"结点",而整个计算是由成千上万个"结点"组成的"一张网格"。网格计算的优势有两个:一是数据处理能力超强;二是能充分利用网上的闲置处理能力。

实际上,网格计算是分布式计算的一种,如果某项工作是分布式的,那么参与这项工作的一定不只是一台计算机,而是一个计算机网络。充分利用网上的闲置处理能力是网格计算的一个优势,网格计算模式先把要计算的数据分割成若干"小片",然后不同结点的计算机可以根据自己的处理能力下载一个或多个数据片断,这样,这台计算机的闲置计算能力就被充分地调动起来了。

网格计算不仅受到需要大型科学计算的国家级部门(如航天、气象等部门)的关注,目前很多大公司也开始追捧这种计算模式,并开始有了相关"动作"。除此之外,一批围绕网格计算的软件公司也逐渐壮大和为人所知。有业界专家预测,网格计算在未来将会形成一个年产值20亿美元的大产业。目前,网格计算主要被各大学和研究实验室用于高性能计算的项目,这些项目要求巨大的计算能力,或需要接入大量数据。

综合来说,网格计算能及时响应需求的变动,汇聚各种分布式资源和利用未使用的容量,网格技术极大地增加了可用的计算和数据资源的总量,可以说,网格计算是未来计算世界中的一种划时代的新事物。

3. 云计算

"云"中计算的想法可以追溯到效用计算的起源,这个概念是计算机科学家 John McCarthy 在 1961 年公开提出的:"如果我倡导的计算机能在未来得到使用,那么有一天,计算机也可能像电话一样成为公用设施。计算机应用将成为一种全新的、重要的产业基础。"

1969 年,ARPANET 项目的首席科学家 Leonard Kleinrock 表示:"现在,计算机网络还处于初期阶段,但是随着网络的进步和复杂化,我们将可能看到'计算机应用'的扩展。"

从 20 世纪 90 年代中期开始,普通大众已经开始以各种形式使用基于 Internet 的计算机应用,如搜索引擎(Yahoo!、Google)、电子邮件(Hotmail、Gmail)、开放的发布平台(MySpace、Facebook、YouTube)以及其他类型的社交媒体(Twitter、LinkedIn)。虽然这些服务是以用户为中心的,但它们普及并且验证了形成现代云计算基础的核心概念。

20 世纪 90 年代后期,Salesforce.com 率先在企业中引入远程提供服务的概念。2002 年,Amazon.com 启用 Amazon Web 服务平台,该平台是一套面向企业的服务,提供远程配置存储、计算资源以及业务功能。

20 世纪 90 年代早期,在整个网络行业出现了"网络云"或"云"这一术语,但其含义与现在的略有不同。它是指异构公共或半公共网络中数据传输方式派生出的一个抽象层,虽然蜂窝网络也使用"云"这个术语,但这些网络主要使用分组交换。此时,组网方式支持数据从一个端点(本地网络)传输到"云"(广域网),然后继续传递到特定端点。由于网络行业仍然引用"云"这个术语,所以被认为是较早采用的奠定效能计算基础的概念。

直到 2006 年,"云计算"这一术语才出现在商业领域。在这个时期,Amazon 推出其弹性计算云服务,使企业通过"租赁"计算容量和处理能力来运行其企业应用程序。同年,Google Apps 也推出了基于浏览器的企业应用服务,Google 应用引擎成为另一个里程碑。

云计算主要分为三种服务模式,即 SaaS、PaaS 和 IaaS。

(1)SaaS(Software as a Service,软件即服务)。它是一种通过 Internet 提供软件的模式,用户无须购买软件,而是向提供商租用基于 Web 的软件来管理企业经营活动。

(2)PaaS(Platform as a Service,平台即服务)。实际上是指将软件研发的平台作为一种服务,以 SaaS 的模式提交给用户。因此,PaaS 也是 SaaS 模式的一种应用。

(3)IaaS(Infrastructure as a Service,基础设施即服务)。消费者通过 Internet 可以从完善的计算机基础设施获得服务。IaaS 的最大优势在于允许用户动态申请或释放结点,按使用量计费。

云计算被视为科技界的一次革命,它带来了工作方式和商业模式的根本性改变,首先,对中小企业和创业者来说,云计算意味着巨大的商业机遇,他们可以借助云计算在更高的层面上和大企业竞争。其次,从某种意义上说,云计算意味着硬件不再重要。那些对计算需求量越来越大的中小企业不再试图去买价格高昂的硬件，而是从云计算供应商那里租用计算能力。当计算机的计算能力不受到本地硬件的限制时，企业可以用极低的成本投入获得极高的计算能力，不用再投资购买昂贵的硬件设备。

4. 人工智能

人工智能（Artificial Intelligence，AI）是研究、开发用于模拟、延伸和扩展人的智能理论、方法、技术及应用系统的一门新的技术科学。人工智能一词最初是在 1956 年 Dartmouth 学会上提出的，从那以后，研究者发现了众多理论和原理，人工智能的概念也随之扩展。人工智能是计算机学科的一个分支，20 世纪 70 年代以来，被称为世界三大尖端技术之一（空间技术、能源技术、人工智能），也被认为是 21 世纪基因工程、纳米科学、人工智能三大尖端技术之一。这是因为近 30 年来它获得了迅速的发展，在很多学科领域都得到了广泛应用，并取得了丰硕成果。人工智能已逐步成为一个独立的分支，无论在理论还是在实践中都已自成体系。

人工智能研究的一个主要目标是使机器能够胜任一些通常需要人类智能才能完成的复杂工作。但是，不同的时代、不同的人对这种"复杂工作"的理解是不同的。例如，繁重的科学和工程计算本来是要人脑来承担的，现在计算机可以轻松地完成这种计算，因而当代人已不再把这种计算看作"需要人类智能才能完成的复杂任务"。复杂工作的定义是随着时代发展和技术进步而变化的，人工智能这门科学的具体目标自然也随着时代的变化而发展。它一方面不断获得新的进展，另一方面转向更有意义、更加困难的目标。

能够用来研究人工智能的主要物质基础和实现人工智能技术平台的机器就是计算机，人工智能的发展历史是和计算机科学技术的发展史联系在一起的。除了计算机科学以外，人工智能还涉及信息论、控制论、自动化、仿生学、生物学、心理学、数理逻辑、语言学、医学和哲学等多门学科。人工智能学科研究的主要内容包括知识表示、自动推理和搜索方法、机器学习和知识获取、知识处理系统、自然语言理解、计算机视觉、智能机器人、自动程序设计等方面。

从 1956 年正式提出人工智能学科起,50 多年来,人工智能取得了长足的发展:现在人工智能已经不再是几个科学家的专利,全世界几乎所有大学的计算机系都有人在研究这门学科,各大公司或研究机构也都投入力量进行研究与开发。在科学家和工程师的不懈努力下,现在计算机已经可以在很多地方帮助人们进行原来只属于人类的工作,计算机以它的高速和准确为人类发挥着它的作用。目前,人工智能的主要应用领域有机器翻译、智能控制、专家系统、机器人学、语言和图像理解、遗传编程机器人工厂、自动程序设计、航天应用、庞大的信息处理、存储与管理、执行化学生命体无法执行的任务等。

5.物联网

随着经济的迅速发展和科学技术的日新月异,智能手机、电脑、Pad 等高科技产品使人们的生活更加便利。互联网的出现与应用具有划时代的意义。互联网不但开阔了人们的视野,省去了舟车劳顿,而且在各个方面都将世界连成了一个密不可分的整体,让世界进入了一个网络化、数字化的时代。然而,互联网已远远不能满足人们生活的需求,继计算机、互联网与移动通信网之后,一种新兴的网络正在慢慢地兴起,这就是物联网。物联网毫无疑问会成为下一个信息产业革命的浪潮,物联网的出现将用户端从人与人之间延伸和扩展到任何物品与物品之间进行信息交换和通信的一种网络概念。

RFID 技术、云计算技术、5G 的发展、传感器技术、二维码技术等领域在物联网的基础上,将会出现空前的发展前景,为全世界信息产业带来又一次跨越式的产业变革。我国当前发展物联网的时机已经非常成熟,尤其在发达的东部沿海地区,物联网的相关技术率先得到了发展,为以后全国范围内物联网的发展打下了坚实的基础。

物联网是由互联网发展而来的,其正常运转和发展离不开互联网。然而,物联网与互联网有着较大的不同,从网络的角度来看,物联网具有以下三个特点。

（1）互联网特征。互联网为物联网中的各个设备之间的通信提供网络基础，实现了物联网间的信息传递。物联网中存在大量的传感器及其他设备，这个设备所收集的庞大信息均需要互联网来进行传输，物联网的重要特征就是"物品触网"，通过对互联网各种协议的支持，来保证信息传输的可靠性。

（2）识别与通信特征。物联网中包含不同类型和功能的传感器，收集到的信息格式也不相同，这些信息具有实时性，这就需要对所收集到的信息进行不断刷新。这些传感器将物理世界信息化，将分离的物理世界和信息世界高度地融合在一起。

（3）智能化特征。物联网不是单纯地收集信息，而是根据信息对相关的设备实现智能化的自动控制。物联网以收集到的信息为基础，对这些信息进行处理和计算，并利用各种关键技术，实现相关的操作和管理，进而满足不同用户的各种需求。物联网使自动化的智能控制技术深入到了生活中的各个领域。

6. 大数据

大约从 2009 年开始，"大数据"才成为互联网信息技术行业的流行词汇。美国互联网数据中心指出，互联网上的数据每年将增长 50％，每两年便将翻一番，而目前世界上 90％以上的数据是最近几年才产生的。此外，数据并非单纯指人们在互联网上发布的信息，全世界的工业设备、汽车、电表上有着无数的数码传感器，随时测量和传递有关位置、运动、震动、温度、湿度甚至空气中化学物质的变化，都会产生海量的数据信息。

数据充斥所带来的影响远远超出了企业界。贾斯汀·格里莫将数学与政治科学联系起来，他研究的内容涉及对博客文章、国会演讲和新闻稿进行计算机自动化分析等，希望借此洞察政治观点是如何传播的。在科学和体育、广告和公共卫生等其他领域中，也有类似的情况，朝着数据驱动型的发现和决策的方向发生转变。

在公共卫生、经济发展和经济预测等领域中，"大数据"的预见能力正在被开发中，而且已经崭露头角。研究者发现，曾有一次"流感症状"和"流感治疗"等词汇在谷歌上的搜索次数增加，而在几个星期以后，到某个地区医院急诊室就诊的流感病人数量就有所增加。

大数据技术的战略意义不在于掌握庞大的数据信息，而在于对这些含有意义的数据进行专业化处理。换句话说，如果把大数据比作一种产业，那么这种产业实现盈利的关键就在于提高对数据的"加工能力"，通过"加工"实现数据的"增值"。中国物联网校企联盟认为，物联网的发展离不开大数据，依靠大数据可以提供足够有利的资源。

随着云时代的来临，大数据也吸引了越来越多的关注。大数据通常用来形容一个公司创造的大量非结构化和半结构化数据，这些数据在下载到关系数据库用于分析时会花费过多时间和金钱。大数据分析常和云计算联系到一起，因为实时的大型数据集分析需要像MapReduce一样的框架来向数十、数百甚至数千台的计算机分配工作。

较传统的数据仓库应用，大数据分析具有数据量大、查询分析复杂等特点。大数据最主要的作用是服务，即面向人、机、物的服务。对机器来说，需要数据有一些关联，能够从中分析出有用的信息。人、机、物对数据的贡献和参与度非常高，从数据质量来讲，人提供的数据质量是最高的。

三、基于信息背景下的计算思维与计算机基础教学

计算思维是当前国际、国内的计算机科学界、哲学界、教育学界关注、关心的重要课题，计算思维的研究和发展对我国的计算机教育有重要的意义。《国家中长期教育改革和发展规划纲要》对高等教育的规划指出："目前，高等教育要全面提高教育质量、人才培养质量、科学研究水平，同时增强社会服务能力，优化结构，办出特色。"我国

提出,优先发展教育,建设人力资源强国的战略部署,这就要求培养新一代"专业信息"的产业大军。其中,信息技术的核心之一是计算机技术,计算机基础课程作为计算机教育的载体,主动适应社会发展的需要是教育教学的主要方向。因此,当前计算机科学教学的重点应该是进一步加强计算机基础课程的建设以及确定计算机基础课程教学发展的方向。

基于培养能力的教学和学习模式是大学计算机基础课程教学最有效的教学方式之一。它的目的在于保证学习者既掌握课程知识,又潜移默化地运用方法解决专业问题、技术问题、生活问题、工作问题,最终内化这种高级思维能力,使学生成为综合型的创新人才。

(一)计算机基础课程地位及其重要性

1.课程地位

高等学校计算机基础课程教学是学校通识教育的重要组成部分,对学习者自身综合素质的培养、创新能力的提高等发挥了重要作用。IEEE/ACM 于 2001 年提出了计算学科教程,把传统的计算机科学学科上升到计算学科,于 2005 年引入计算机专业教学大纲,将 Computing(相当于国内的计算机或者计算机科学与技术)划分为计算机科学、计算机工程、软件工程、信息技术和信息系统及其他有待发展的学科等子学科。

教育部高等学校计算机基础课程教学指导委员会高度重视《高等学校计算机基础课程教学发展战略研究报告暨计算机基础课程教学基本要求》,并在此要求颁布之后,委员会所有委员以"计算机基础课程教学改革与实践项目"为基础,组织部分高等院校围绕计算机基础课程教学改革展开了深入的研究,并与国家级计算机实验教学示范中心联合开展了研究项目,吸收计算机基础课程各种实验教学资源成果。目前,计算科学已经和数理方法、实验方法、统计方法一起成为现代科学研究的重要方法之一。当前,高校计算机基础课程教学的目的是在掌握计算机学科相关概念的基础之上，进行一系列拓展性学习和实践研究的延伸。计算机基础课程主要包括计算机应用基础、程序设计、计算机原理、操作系统、数据结构、计算机网络、软件工程、数据库等课程，非计算机专业的主要课程则为计算机应用基础、程序设计、计算机网络类课程。

2.课程重要性

如今，互联网的发展为获取知识资源和信息资源提供了更为便捷的条件，也为终身学习提供了更好的学习工具和更为广阔的学习空间。计算机的普及不仅给人们的学习、工作带来了便利，也极大地改善了人们的生活质量。因此，掌握计算机技术必不可少。而作为培育现代化人才的高等院校，计算机基础课程的开设就显得尤为重要。

2010 年 7 月，西安"C9"会议报告认为，高等院校计算机基础课程的教学是为培养学生的思维能力、创新能力提供良好的基础，也是学生综合素养提升必不可少的条件。在 2011 年 6 月 9 日举行的"以计算思维导向的计算机基础课程建设"研讨会中，中国科学技术大学院士陈国良作了题为《计算思维与计算机基础教育》的报告。报告中指出，大学通识教育是大学人才培养的重要任务，大学教育不能局限于基本知识传授，还要从学习者的理性思维中去培养对科学的追求，使学习者具备高尚的人格。而作为计算机课程中核心思想的"计算思维"，是为不同专业的学习者提供的一种独特的思维方式以及更好地解决专业问题的有效手段和方法，同时计算机基础课程作为与数学、英语同等地位的大学基础课程，是培养计算思维能力最好的课程载体。

(二)计算机基础课程的现状

目前，很多高校对计算机基础课程的作用认识不足，对课程的教学计划和施行也流于形式，造成了教学者要么抽象讲计算机的理论模型,要么就只讲简单的操作。

2009 年,《高等学校计算机基础教学发展战略研究报告暨计算机基础课程教学基本要求》提出了计算机基础教学需达到的四项能力要求:"对计算机的认知能力、应用计算机解决问题的能力、基于网络的学习能力、依托信息技术的共处能力。"九校联盟(九校分别是北京大学、清华大学、浙江大学、复旦大学、上海交通大学、南京大学、中国科学技术大学、哈尔滨工业大学、西安交通大学,以下简称"C9")计算机基础教学发展战略联合声明指出,计算机基础是培养大学生综合素质和创新能力不可或缺的环节,是培养复合型人才的重要组成部分,而能力培养是计算机基础课程教学的核心任务。现今教学改革的重心是加强以能力培养为核心的计算机基础课程建设,以此进一步确定计算机基础课程教学的基础地位和师资队伍的建设。从这些目标中可以看出,计算机基础课程教学不仅是高等学校通识教育的重要组成部分,更是在提升学生综合素质教育和培养学生创新能力方面承担着重要的职责。如今,部分高等院校、职业院校等在课程教学中确立了计算机基础课程公共基础的地位,建立了计算机科学教学体系。

一直以来,我们都对计算机基础课程存在认识上的错误,认为计算机课程只是单纯地教学生怎么使用计算机,把计算机作为工具来运用已是教学的核心任务,从而使计算机学科形成了"狭义工具"学说。

计算机学科是随时代变化较大的一个学科,但目前课程中的内容却显得很陈旧,与国际先进水平存在很大的差距。与数学、物理等科学学科不同的是,计算机是人类创造出来为自己的生活、工作等服务的高效智能化科技装置,它不具备自然界的属性。我们在计算机课程的教学中都是从计算机学科基本的数制符号到抽象程序代码进行描述和表达,从计算机的逻辑结构到其系统结构、从计算机软件到计算机网络,计算机学科的整个知识结构极为复杂。计算机学科随时都在变化发展,知识点也在不断更新。

　　计算机基础课程是最庞大的教学课程,科技的发展赋予了它内容的繁多且强大,基础理论、抽象程序代码、人机交互界面、软件设计与运用,各个模块都有众多且相较学生之前的学习完全不同的知识点。因此,采用不恰当的教学方法会使教学过程显得格外复杂,使学生不但没有学习到计算机知识,反而把它拒之门外,特别是针对那些非计算机专业的学生,更是如此。这样一来,根本无法运用计算科学的方法解决问题和培养学生的计算思维能力。所以,如何改革计算机基础课程的教学方法,把计算思维方法和计算思维能力培养贯穿到计算机基础课程教学当中去,是目前探索的重点和难点。

(三)计算思维的发展

　　2006 年 3 月,美国卡内基·梅隆大学计算机系主任周以真在美国计算机权威杂志 ACM 上发表并定义计算思维。她指出:"计算思维是每个人的基本技能,不仅属于计算机科学家。我们应当使每个孩子在培养解析能力时不仅掌握阅读、写作和算术(reading、writing、arithmetic,3R),还要学会计算思维。犹如印刷出版促进 3R 的普及,计算和计算机也以类似的正反馈促进了计算思维的传播。"她认为,这种思维在不久的将来会成为每一个人的技能组合,而不仅限于科学家,普适计算之于今天就如计算思维之于明天,而普适计算已成为今日之现实,计算思维就是明日之现实。计算思维是使用计算机科学的基础概念去求解问题、设计系统和理解人类的行为,它包括涵盖计算机科学广度的一系列思维活动。这一概念被国内外计算机界、社会学界及哲学界的广大学者进行了广泛的研究与探讨。

(四)计算机基础课程教学培养目标

　　如何准确定位计算机基础教学,如何改革计算机基础课程教学的内容适应社会发展,是当前计算机基础教学面临的重要问题。

1.克服计算机学科的狭义工具论

　　2009 年,由中国科学院院士、中国科学院计算所所长李国杰任组长的中国科学院信息领域战略研究组撰写的《中国至 2050 年信息科技发展路线图》中,对计算思维给予了足够的重视,认为计算思维培育是"克服狭义工具论的有效途径,是解决其他信息科技难题的基础"。长期以来,计算机科学与技术这门学科被认为是辅助人们进行工作而非正式的专门学科,因此人们普遍认为这是一门专业性很强的"工具"学科。

2. 在课程教学中突出对计算思维能力的培养环节

"C9"会议指出,当前计算机基础课程教学的核心是在课程教学中培养学习者的计算思维能力。把对学习者计算思维能力的培养作为高等院校计算机课程教学的中心,要求教学者在教学过程中运用得当的教学方法,传授和指导学习者运用相应的学习方法,学习知识,掌握技能,把技能转化为能力,把能力转变为思维。

3. 为计算机基础课程教学改革树立标杆

2010 年 7 月,我国部分高等学校在西安交通大学举办了首届"九校联盟计算机基础课程研讨会"(以下简称会议),会议讨论了当今计算机基础课程培养的核心问题——如何在新形势下提高计算机基础课程教学的质量。会议讨论并达成了一系列共识,发表了《九校联盟(C9)计算机基础教学发展战略联合声明》。其中,核心要点是"正确认识大学计算机基础教学的重要地位,把培养学习者的计算思维能力作为计算机基础教学的核心任务,并由此建设更加完备的计算机基础课程体系和教学内容,进而为全国高校的计算机基础教学改革树立标杆"。

计算机基础课程的教学以计算思维能力培养为中心点进行教学改革,在课程教学中深入贯彻计算思维方法,使学习者掌握计算机方法论,提升计算思维能力,运用计算机的相关概念、思想、方法去求解问题、设计系统和理解人类的行为。

第二节　计算机基础课程改革研究综述

一、关于计算思维基础理论的研究

定义计算思维的科学概念是开展计算思维相关研究的前提和基础。有学者将计算思维定义为"思维过程或功能的计算模拟方法论"，以计算为主体，用计算模拟人类思维，让计算具备思维特征。还有一批学者提出，要在具体的课程教学中培养学生的计算思维，将计算思维看作抽象思维能力、形式化描述、逻辑思维方法的综合，强调思维是主体，核心是如何让思维具有计算的特征。这两种观点分别从计算科学和思维科学两个方面出发，将计算和思维进行结合，但都具有片面性和狭隘性。

计算思维的定义是运用计算机科学的基本概念去求解问题、设计系统和理解人类的行为。这个定义涵盖整个计算机科学的一系列思维活动。计算思维是运用约简、转化、嵌入及仿真等方式方法，将一个看似困难的复杂问题转换为人们容易去解决的思维方法；计算思维是一种递归性思维，可实现并行处理，既可以把数据翻译成代码，又可以把代码翻译成数据；计算思维基于关注点分离（方法），通过抽象和分解来完成复杂任务或者庞大复杂系统的有效设计；计算思维是一种在最坏情况下，通过保护、预防以及运用纠错、容错和冗余等方式来实现系统恢复的思维方法；计算思维利用启发式推理的方式来解决问题，也就是在不确定的情形下进行规划、学习和调度；计算思维可通过运用海量数据来提高计算速度，以此在时间和空间之间、处理能力和存储容量之间寻找平衡。与上面的定义相比较，周以真的定义更全面化、清晰化和系统化，并且丰富了其内容，扩展了其原理，详述了其特征，指出了其发展及培养的方向。但是，她忽视了计算思维也是一种思维科学，并没有从思维科学的角度去认识计算思维。

计算思维和计算机方法论之间的关系研究与当代数学思维和数学方法论的关系研究存在很多相似点。虽然计算思维是立足于思维科学层面来研究计算学科的根本问题和思维方法,计算机方法论是立足于方法论角度来研究计算学科的基本问题和学科形态,但两者是相辅相成、相互促进的。所以,董荣胜从计算机方法论的层面得出计算思维的新定义:计算思维是运用计算机科学的思想与方法去求解问题、设计系统和理解人类的行为,它包括了涵盖计算机科学广度的一系列思维活动。这种定义的不足之处是没有站在思维科学的高度去认识计算思维。

自然科学领域有三大科学方法——理论方法、实验方法和计算方法.每一种方法又分为操作方法和思想方法两个层面,如果将思想方法层面等同于思维方法层面,那么与三大科学方法分别对应的是理论思维、实验思维和计算思维。将思想方法等同于思维方法只是一种假设,而且很多学者对是否将计算方法归为科学方法之一仍持怀疑态度,所以这种观点仍待商榷。

当前,关于计算思维原理的研究较少,而且研究深度不够,仅有的参考文献也只对其进行了简单论述,计算思维的原理有计算设计性原理、可计算性理论和形理算一体化原理。计算设计性原理是指利用硬件(物理元件)和软件(算法)相结合的方式来解决特定问题的原理。电子计算机的产生就是计算设计性原理实际应用的典型例子。凡是图灵机可以计算的函数,称为可计算函数,它一定能够用计算机进行计算;凡是图灵机不可计算的函数,称为不可计算函数,这些函数即使用大型计算机也无法求解,这便是著名的可计算性理论。形理算一体原理是指在相关理论的指导下计算具体问题,从而发现规律。该原理强调从物理数据或相关机制开始,积极寻求能求解问题的合适数学工具以及计算方法。从相关研究中,我们可以发现,大部分学者仅从计算的角度来总结归纳计算思维原理,立足于思维科学层面的研究欠缺。计算思维是一种思维科学,缺少思维科学指导的计算思维原理研究是不科学的和片面的。

二、关于计算思维培养的研究

(一)计算思维在计算机基础教学中的研究

2009 年,教育部高等学校计算机基础课程教学指导委员会明确提出,大学计算机基础教学要加强培养学生计算机科学的认知能力、运用计算机解决实际问题的能力、网络环境下的协同合作能力以及信息科技社会进行终生学习的能力。大学计算机基础教学在强化基础知识和基本应用技能的基础上,注重培养学生用计算机分析和解决问题的思维和能力,理解计算机在处理问题过程中所展现的科学思维方式,从而不断提高学生的实践能力和创新能力。

在传统的大学计算机基础教学模式中,计算思维隐藏于能力培养之中,需要学生自己去领悟。而现在我们要将它直接展示给学生,以方便学生有目的地学习,计算思维的培养是通过能力的培养来践行的。计算思维是内隐的,而计算思维能力可以通过各种行为和活动成为外显的特质。建立计算思维在计算机基础课程中的表达体系,将其融入和映射到理论知识点和应用技能点之中,以能力标准作为计算思维在课程中的落脚点和表现形态,以能力要求来推动学生计算思维品质的提升,这是学生掌握计算思维思想与方法的有效途径。有学者对此提出了自己的看法:首先,计算思维的培养要落实在学生对知识体系、工具操作、问题解决策略进行抽象和加工的能力培养上;其次,能力标准是培养过程的执行依据,要有一定的指向性和目标性,应涵盖三个维度,即知识的重组与结构化、技术的控制与操作、问题解决策略;最后,这种基于抽象的能力不应只满足于解决知识获取的问题,应发展为一种方法论的思维,并将这种思维应用到学生的专业学科领域中。计算机基础课程改革应以能力标准为基础,开展知识内容的重组、教学活动的设计、教学资源的建设等。

（二）计算思维能力培训方面的调查

根据多个学校具有代表性专业的共 120 名学生的问卷抽样调查，询问是否有人平时接受过计算思维训练：26 人回答有接受，占总人数的 21.67%；23 人回答不知道，占总人数的 19.17%；71 人回答没有，占总人数的 59.16%。由此可见，当前在学校教学中，专门性的培养几乎是空白，教育者必须要重视计算思维能力培养。

对学习者所在学校是否开设计算思维训练等情况调查得出如下结果：36 人回答有开设，占总人数的 30%；47 人回答没有，占总人数的 39.17%；37 人选择不清楚，占总人数的 30.83%。从该数据可以得知，目前学校对计算思维能力的培养很欠缺。

对学习者所在的学校是否具备完整计算思维教学课程体系的调查结果为：17 人回答具备完整的计算思维课程培养体系，占总人数的 14.17%；49 人选择一般，占总人数的 40.83%；54 人选择不了解，占总人数的 45%。从该数据可以看出，目前学校对计算思维能力的培养没有一个明确的课程体系。

通过对学校计算思维能力培养体系建设方面的调查情况来看，目前各高校基本上都没有完备的计算思维培养体系，多数学习者对此表示不了解。所以，学校在计算思维能力培养体系学科的建设方面，应该大力加强和完善。

三、关于计算思维能力与大学计算机基础课程建设的研究

构建以计算思维为核心的大学计算机基础课程体系，是培养学生计算思维能力的关键。早在 2008 年，美国计算机协会就在美国计算机科学教学大纲的中期审查报告中明确要求，将"计算导论课程"与计算思维绑定，并讲授与计算思维本质相关的教学内容。当前，我国很多高校以"计算机文化基础""计算机基础"等课程作为大学第一门计算机基础课程，这明显无法满足计算思维能力培养的需求。

有学者已开始尝试构建以计算思维为核心的计算机基础课程

体系,课程内容包括计算思维基础知识、计算理论、算法基础、程序设计语言、编程基础、计算机硬件基础、计算机基础软件等,并对课程的地位、性质、任务、基本要求等做了详细说明。有部分高校已经开始实施以"计算思维"为核心的计算机基础课程改革实践活动,例如,上海交通大学和南方科技大学就开设了全新的大学计算机基础课程。

计算思维能力培养是一个长期且潜移默化的过程,是在系统的学习中逐渐积累而成的,并不是通过一两门课程就可在短时间内形成,所以有学者积极倡导构建全新的大学计算机基础课程群。有学者提出,以培养学生计算思维能力、计算机基本技能和素养为核心,建立包含计算机通识教育必修、核心、选修三个层次的课程体系,一个包含培养"知识—技能—能力"的课程群。

我们应立足人才培养需求,从顶层设计出发,改革现有的课程体系,构建工程能力、应用能力和研究能力三者并重的大学计算机基础课程群,将计算思维能力的培养贯穿于整个课程体系中,并且要体现在计算机基础课程的教学内容、教学方法与模式以及教学管理中。通过人才培养体系的多视角研究,构建纵向分类、横向分层的大学计算机基础课程体系。

四、关于计算思维在教学中的应用研究

当前,虽然计算思维还未建立起系统的学科体系,但人们已经看到计算思维必将是信息时代人人必备的一种基本素质,广大计算机教育工作者已开始在教学实践活动中注重对学生计算思维能力的培养。同时,计算思维在不同专业学科教学活动中的推广和应用也逐渐开展起来。一些学者和科研机构开展了许多相关的研究和探索,形成了大量的研究成果。2008年,美国计算机科学技术教师协会在《计算思维:一个所有课堂问题解决的工具》报告中,除对计算思维进行了科学总结外,还提出计算思维是每个学校所有课程教学中都应

使用的一种重要工具。

对于计算思维在教学中应用的相关研究问题,我国学者也进行了积极探讨,并形成了自己的观点。在软件工程课程教学中,计算思维关注点分离的方法可以有效解决算法和软件设计、软件项目管理以及软件开发过程中涉及的多方面问题。所以,关注点分离方法要作为计算思维的重要原则之一。在离散数学课程教学中,我们可以引导学生利用计算思维去解决递归与等价关系数目的求解、模型与数理逻辑以及等价关系证明等问题。在图像处理课程教学中,结合教学实践和人才需求,探讨计算思维在实践教学、教学内容、教学方法等方面的实践和应用。在程序设计课程教学中,构建"轻游戏"的学习模型和教学模型,不仅可以提高课堂教学效果,还可以提升学生的计算思维能力,为广大教育工作者在思维层面培养学习者提供参考。

五、关于计算思维能力培养策略与途径的相关研究

为进一步落实我国高校以"计算思维能力培养"为核心任务的计算机教学改革工作,除全面深入认识和理解计算思维的本质和内涵外,我们更应积极探索培养计算思维能力的有效途径,并引导学生将计算思维灵活运用于解决各种实际问题中。"计算思维能力培养"的核心是改变教育观念,将计算思维有意识地融入教学内容、教学方法与手段以及整个课堂教学之中,潜移默化地帮助学生形成基本计算机文化素养的学习能力、思维能力和研究能力。在大学计算机基础教学中,要重点突出对学生计算思维意识的培养,尤其是将计算思维运用于各种专业实践活动的意识,并通过开展实验教学、整合教学资源平台、实施有效的考核形式与评定方法等途径来不断提升学生运用计算思维解决问题的能力。

有学者认为,计算思维能力的培养要以课堂教学为着力点,在教学中逐步提高学生的计算思维能力,并从讲授计算机基本概念、培养计算机基本技能与培养计算思维能力相结合、设计实验实践环节三

个方面详细阐述计算思维能力的培养策略,在实践操作层面探讨培养学生计算思维能力的问题。现阶段,我国学者在学生计算思维能力的培养途径与策略方面已取得很多理论研究成果,但这类研究成果更需要在教学实践中进行验证和不断完善。过于注重理论研究,而忽视实践层面的验证与可行性研究,致使理论研究脱离实践应用,有所不足。

六、关于以"计算思维能力培养"为核心的大学计算机基础教学模式的研究

现阶段,我国高校的计算机基础教学模式应由灌输式教学向启发式、自主学习转变,由理论验证式向鼓励研究创新式转变。要以计算思维的内涵和本质为出发点,以先进的思维教学理念来积极构建、创新以"计算思维能力培养"为核心的教学模式。构建以教师为主导,以学生为主体,以能力培养为目标,以目标任务和问题探究为引导,注重基础,启发学生独立思考,鼓励学生创新,重视实践的思维教学模式。

计算机教学内容中有很多蕴含计算思维的相关知识点和典型案例,所以有学者建议在新的教学内容组织上,先归纳知识单元,再梳理出知识点所蕴含的可实现、可计算思维,并引出思考点,重点培养学生的计算思维,将知识传授逐渐转变为基于知识的思维传授,帮助学生构建起基于计算思维的知识体系。在教学过程中,教师可以选择那些既能体现计算思维处理方法,又能反映各个专业普遍需求的典型案例。通过讲授其中所蕴含的计算思维以及实现操作所运用的计算科学的思维思想与方法,引导学生逐渐树立起自觉将计算思维运用于解决专业问题的意识。有学者结合任务驱动式教学和计算思维教学的特点,构建以"计算思维能力培养"为核心的任务驱动式教学模式,该模式要求任课教师提前设计好课程教学任务和教学内容,学生在教师的指导下自主完成学习任务。

当前,我国以"计算思维能力培养"为核心的大学计算基础教学模式与方法的探索和研究虽已形成了很多各具特色的研究成果,但都是各学者基于自己学校的实际情况而提出来的,成果应用范围较小,示范和辐射作用受限,还未形成能向全国高校推广的普遍适用模式。

第三节　计算机基础课程改革研究的内容

一、相关问题的提出

针对目前学习者对计算思维认识的总体情况分析,立足于现今高校计算机基础课程的教学,以计算思维方法和计算思维能力培养为重点,通过开展基于计算思维方法的教学和学习,系统探索计算机基础课程教学中计算思维能力培养的教学模式和学习模式,以期促进创新型人才的培养,提高学习者的综合社会能力,把思维训练融合进计算机基础课程教学的各个环节,使计算机知识与思维能力共同提高,相互促进。构建计算机课程中基于方法的课程教与学的模式,教学者进行相应的课程教学,培养学习者的能力,主要有两个方面的问题:第一,如何通过多种多样的教学模式培养学生的计算思维能力;第二,如何通过在计算机基础课程教学中实施计算思维的培养,达到《九校联盟(C9)计算机基础教学发展战略联合声明》对计算机基础课程教育改革的要求。

(一)计算思维相关理论基础的建立

由于计算思维概念的提出和在教学中的大力提倡运用时间不长,对于相关理论基础和概念、学科体系等都没有准确的描述。对此,应该致力于研究分析计算思维发展的思维学科科学基础、思维教学理念以及计算思维国内外发展现状、计算思维的发展地位、计算思维在教学中的影响等。

(二)教学模型的设计

在计算机课程教学中,建立基于计算思维的教学改革与实践教学模式和学习模式。教与学的模式建立必须在教学模型的设计基础之上,在课程教学的各个环节运用关于计算思维的一系列方法,完成教学和学习任务,达到教学目标要求,构建基于计算思维方法,培养学生相关能力的教学模型和学习模型。

(三)教与学模式的构建

对计算思维支持的课堂教学新模式进行多角度教学方法的探讨,以研究问题建立的教学模型为教学框架基础,探索在计算机课程中运用计算思维方法进行教学和学习,教学者运用计算方法进行教学,学习者运用计算思维方法思考和解决问题,使教学和学习两个方面相互衔接、相互联系。运用计算方法教学,使计算思维方法促进教学者的教学和学习者的学习,形成一套培养计算思维能力,基于计算思维方法的教育教学和学习的教与学的结构模式。

(四)教与学的模式在课程教学中的实践应用

针对提出的教学模式和学习模式,利用计算机相关课程来对其进行实证分析,通过其教学模式和学习模式的应用,进行基于计算思维方法教学和无计算思维方法教学的学习者求解问题的过程化对比,得到计算思维具体情境中的过程模型,验证该教与学模式的有效性。

二、相关研究内容

针对以上问题和目前所处的国内外形势,探索在计算机课程教学中基于计算思维的教学和学习模式,应从如下几个方面确定研究内容。

(一)计算思维发展情况分析

目前,计算思维这一思维科学在中国还处于探索阶段,没有一个准确而完整的概念,也没有一个科学的概念体系支撑。在本书中,需要梳理计算思维目前在国内外的具体发展情况,同时分析当前科学思维的培养观,为其应用于教学的基础和可行性提供研究支撑。

(二)教学模型的设计

基于计算思维方法建立计算机基础课程教学与学习模式的培养模型,使学习者在计算机基础课程中牢固掌握计算机科学的基础概念,能够运用计算机科学的基础概念进行问题求解和系统设计,使对能力的提高和培养以形式化增量的形式直观反映给各位教学者和学习者。同时,为多种教学模式和多种学习模式在计算机基础课程中的教与学应用奠定基础。

(三)教与学模式的构建

建立基于计算思维的计算机课程教学改革与实践模式,在教学模型设计基础上,构建基于计算思维的教与学模式,用形式化增量和课程应用方式表达计算思维方法的作用。

(四)教与学的模式在计算机基础课程教学中的应用实践

选取语言程序设计和软件工程课程课堂教学以及基于网络环境的软件工程学习系统为教学实践平台,进行基于计算思维的教学模式和学习模式应用实践,并通过对比有计算思维方法与无计算思维方法培养的过程性题目的调查分析,提出计算思维能力形成的过程模型。

(五)软件工程课程改革在线学习系统建设应用

建立一个基于计算思维的软件工程课程教学改革在线学习系统,探索一种适合软件工程课程网络,在线培养计算思维能力的多角度教学和学习方法来实行案例教学,给学习者提供课堂教学、习题作业、疑问解答等多方位教学模块资源。通过开放式实验教学视频,鼓励学习者自主立项,激励学习者创新,充分调动学习者学习的积极性和主动性,培养科学的实验方法和严谨的工作态度。运用网络学习平台,对教学内容等进行可持续发展的利用和改进,使基于计算思维方法的网络自主学习模式得到应用和发展。

(六)计算思维专题网站建设应用

建立计算思维专题网站,跟进国内国际的相关研究和进展,积极发现各学科,特别是计算机科学学科、计算学科、思维学科等对计算思维发展的影响,包括跟进国内外相关研究方面的新思想、新进展,整理、概括利于其研究发展的相关文献、视频等方面的研究,追踪计算思维发展建设方面专家学者的研究工作,研究相关软硬件资源,应用研究案例、计算思维的交流论坛等,帮助解决国内计算思维研究领域的发展和填补计算思维专题性网站的空白,同时运用该网站辅助软件工程教学改革网络平台中基于计算思维自主学习的实现。其工作主要是借助专题网站的发展宣传,为计算思维的研究引入更新、更多有利于发展的观点和思想,更好地开展研究工作。

第四节　计算机基础课程改革研究的目标与意义

一、研究目标

(一)目标一:确立计算思维培养地位

无论在国外还是国内,计算思维的研究已经提到了一定的高度,但如何培养计算思维能力,是目前计算机教育界值得探讨和探索的问题。如何正确认识和准确定位计算思维在计算机基础课程教学过程中的贯彻和落实,如何针对当今的计算机基础课程教学进行课程内容的改革,以适应社会科技形势发展的需要,是当今计算机基础课程教学面临的重要挑战。因此,必须确定计算思维的发展情况,确立思维教学,特别是基于计算思维的教学学科体系。

(二)目标二:基于计算思维的教学模式与学习模式的构建

通过对计算机基础课程教学的阐述,探索出基于计算思维方法的课程教与学的模式,要求学习者在教学者的指引下,运用计算机基础概念或者计算机的思想和方法,学习知识,解决实际问题。要求教学者通过课程的教学内容、教学手段以及教学技术等,使学习者掌握计算机方法论,提高计算思维能力,在走向社会时能很快适应工作的要求。

(三)目标三:课程应用与 TR 结构模型共同完成课程教学改革与实践

探索基于计算思维的教学模式在语言程序设计、软件工程课程教学中的实践应用,分析课程对应的培养目标,构建教学模式在具体课程的实施程序。探索基于计算思维的学习模式应用,形成“一专(计算思维专题网站)一改(软件工程课程教学中计算思维能力培养模式探索教改项目)”的系统结构模型(TR 结构模型)。该结构模型首先以专题网站对这一新兴思维的本质、特征、发展、原理、国内外动态、相关研究、教学案例等进行专题说明;其次,在软件工程课程教学中,运用计算机科学基础概念设计系统,求解问题,理解人类开发设计系统的行为,构成一个以计算思维专题网站为主体、能力培养为核心、软件工程教学改革在线学习系统为应用载体的新型计算机基础课程教学改革培养模式,为课程教学中的培养奠定基础。

二、研究意义

(一)理论意义

目前,计算思维在教学中的培养研究越来越受到教育单位的关注和重视,基于计算思维的计算机课程教学是深化培养计算思维能力的一个重要方面。本研究的理论意义主要表现在如下三个方面。

1.国家政策方面

从国家对人才培养“专业信息”的要求出发,计算机技术是信息技术的核心之一,计算机课程是培养学习者计算思维能力最重要的课程,建立一套基于计算思维能力培养的理论框架结构,对将来计算机教育的发展能起到重要作用。

2.学科发展方面

目前,计算科学已经和数理方法、实验方法、统计方法一起成为现代科学研究的重要方法。ACM/IEEE 2005 引入的计算机专业教学大纲将 Computing(计算机或计算机科学与技术)划分为计算机科学、计算机工程、软件工程、信息技术和信息系统及其他有待发展的学科等子学科。计算思维贯穿整个计算机学科,在学科发展方面,建立各种基于计算思维能力培养的教学模式和学习模式,并提出具体的教学方法和学习方法等支持策略,发展并完善整个学科的教学模式设计理论与方法的框架体系,是目前计算机学科发展的方向。同时,计算机是一门学科还是一台机器,这种认识对学习者计算思维能力的培养起到了奠基性的作用。能力的培养是克服"狭义工具论"最有效的途径,也是解决信息科技中复杂问题的基础。

3.教育发展方面

2010 年 7 月,在西安交通大学举办的首届计算机基础教学会议上讨论的核心问题是如何在新形势下提高计算机基础教学的质量。会议探讨并形成了一系列共识,发表了《九校联盟(C9)计算机基础教学发展战略联合声明》。该声明的核心关键点是必须正确认识大学计算机基础课程教学的重要地位,要把培养学习者的计算思维能力作为计算机基础教学的根本任务,并以此为基石,建立完备的计算机基础课程教学体系,为全国高等院校的计算机基础课程教学改革树立榜样。因此,对计算思维与计算机基础教学的研究对教育教学中培养计算思维能力具有指向性作用,也为落实计算思维能力培养、计算机课程教学改革树立了旗帜。

(二)实践意义

本书旨在通过对计算机课程教学中基于计算思维方法的教学模

式、学习模式,以及教学过程中计算思维能力的培养进行探索和实践。以形式化方法描述,并总结形成模型化的教学模式,为教学者在计算机课程教学中对计算思维方法的应用及相关能力的培养提供方法指导,以期提高课堂教学效率,培养学习者对计算机的认知能力、应用计算机解决问题的能力以及信息技术的处理能力等。本研究的实践意义如下。

1. 设计与开发计算思维的专题网站

由于对计算思维这一科学思维的关注较晚,目前国际国内还没有形成一套科学而完整的理论体系对此进行全面的说明和解析。专题网站的建立可以对今后计算机学科以及教育学科中计算思维方法的运用、计算思维能力的培养提供更多的参考,同时记录整个计算思维发展的整体情况,为学科研究与发展打下坚实的基础。

2. 形成一套基于计算思维的教学方法和学习方法

通过对课程教学培养方法的总结以及基于计算思维方法的教学技术在语言程序设计和软件工程课程教学中的实践应用,形成模式化的教学模型和学习模型,有力地促进计算思维方法的运用和计算思维能力的培养。

3. 设计与开发软件工程课程的教学改革在线学习系统

通过建设软件工程课程的教学改革在线学习系统,探索一种适合培养计算思维能力的软件工程课程多角度教学方法,来实现软件工程课程的项目教学,给学习者提供课堂教学、学习方法、学习大纲、习题作业、疑问解答、实训实练、能力要求等多方位的教学模块资源。

第五节　计算机基础课程线上线下
混合式教学前期分析

如图 3-1 所示,以德国设计导向职教理论作为理论指导进行前期分析,理论指出在教学实施时要充分考虑教学条件和环境,包括教学的目标、内容、媒体,还包括学习者的心理状态和社会环境。人类心理条件对应教学对象分析,教学目标及内容对应混合式教学的目标及内容分析,教学媒体及社会文化条件共同对应教学环境的分析。因此,在混合式教学模式的前期设计中,首先应运用调查问卷分析了解学生的学习兴趣、学习能力和学习状态。

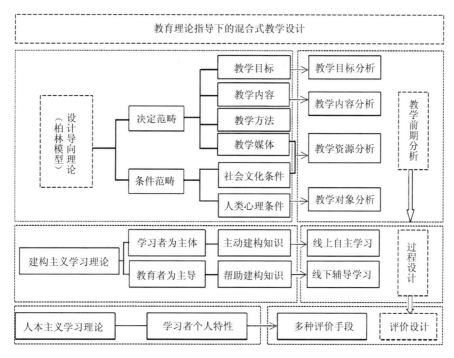

图 3-1 混合式教学理论基础和指导图示

一、计算机基础课程教学对象分析

(一)学生学习兴趣分析

学生是学习的主体,兴趣是学生学习知识的第一驱动力。如果对某一门课程知识没有兴趣,就调动不起学习的积极性。调查前测问卷的第 1 题、第 2 题、第 3 题是关于对课程学习兴趣的调查。在"您喜欢计算机基础课吗"的问题中,学生中非常喜欢的只有 3.9%,喜欢占 30.3%，一般占 47.4%，明确表示不喜欢的占 18.4%。由此我们发现，高校学生对计算机基础课程的学习兴趣不高。在"您不喜欢计算机基础课的主要原因（可多选）"的问题中，如图 3-2 所示，选择了课程内容枯燥和教学方式单一的分别有 43.4% 和 55.3%，学生认为对工作生活没有帮助和本身对计算机不感兴趣两个选项分别是 9.2% 和 30.3%。

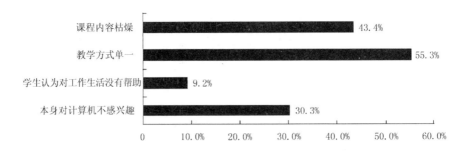

图 3-2　影响课程学习兴趣的原因

学生学习兴趣不高的原因除了本身对计算机不感兴趣之外，课程内容枯燥和教学方式单一的原因项比例很高。由此我们可以看出，以传统教学方式已经不能满足学生的学习需要，不能激发学生的兴趣，因此在线上线下混合式教学时，教师要在教学设计上更用心，使之更加适合学生需求。

（二）学生学习能力分析

在"您喜欢哪种教学方式"的问题中，选择自主学习为主的比例较低。在"您自主学习的能力如何"的问题中，"非常强"和"强"的比例只有 6.6% 和 13.2%，"一般"和"非常差"则有 48.7% 和 31.6%，如图 3-3 所示。由此可以看出，大多数学生认为自己的自主学习能力一般，甚至是差。因为线上线下混合式教学需要学生有比较强的自学能力，才能在课前预习和课后复习时获得比较好的效果。高校学生的学习压力相对而言比高中学生要小得多，空闲的时间如果可以用来自主学习，学生掌握知识的效果会好得多。

图 3-3 自主学习能力调查问卷结果

在"您平时学习中的注意力如何"的问题中,如图 3-4 所示,高校学生中选择注意力"非常集中"的占 5.3%,选择注意力"集中"的高校学生占比 19.7%,选择"一般"的最多,占比为 35.5%,"不集中"和"非常不集中"的分别是 26.3% 和 15.8%。说明高校学生的自控能力普遍较差,学习注意力不集中,容易受到外界的干扰。在高校计算机基础课混合式教学中,线上学习的环节学生要用手机学习,此时一定要加大对学生的监控力度,教师要在教学平台中限定学生在时间段内完成学习任务,否则学生容易被手机的娱乐功能扰乱学习的进度。

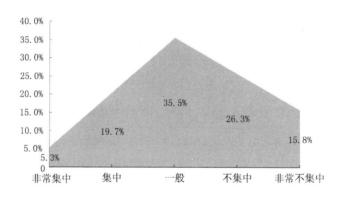

图 3-4 自控能力调查问卷结果

(三)学生学习状态分析

本研究调查问卷中的前测问卷第 7 题、第 8 题、第 9 题是关于对学生学习状态的调查。高校学生学习状态不佳,如图 3-5 所示,在预习复习的问题中,学生选择"经常"的只有 6.6%,这是很少的学习状态较好的一部分学生;选择"有时"的学生占 30.3%,这类学生或者是对自己感兴趣的课程内容才能预习和复习;"很少"和"从不"课前预习和复习的学生所占比例分别为 46.1% 和 17.1%,总共占比超过了 60%,说明在日常的教学中,高校学生预习和复习的情况不容乐观。这也与高校计算机基础课的课程特点有关,理论性知识偏少,而受到学习地点的限制,实践操作只能在机房,且学生课前预习和课后复习的目标不明确。

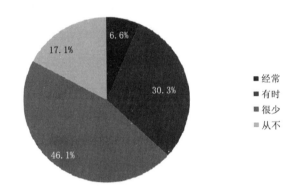

图 3-5 预习复习情况调查问卷结果

在"您课前预习、课后复习的时间是多长"的问题中,如图 3-6 所示,高校学生课前预习、课后复习的人数随着时间的增长明显是一个下降的趋势,在"5 分钟以内"的是 36 人,用"5~10 分钟"的时间进行课前预习、课后复习的人数是 23 人,用"10~15 分钟"课前预习、课后复习的学生人数是 10 人,课前预习、课后复习时间"15~20 分钟"的学生人数是 5 人,花"20 分钟以上"时间进行复习的仅有 2 人。总之,高校学生在学习中,预习、复习的时间都很少,这对于计算机基础课的教学是非常不利的,只靠教师在课堂上的讲授和自己在课堂时间的学习,学生不易于接受和建构知识,甚至是上课目标不明确,下课还是一头雾水,更不用说巩固和提高知识水平。所以,要应用混合式教学模式,用线上教学的方式来督促学生课前预习和课后复习,而且要保证学生预习和复习的时间,通过上课提问来看学生预习的效果,课后测试来验证学生复习的效果。

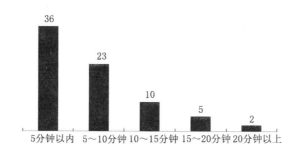

图 3-6　预习、复习时间调查问卷结果(单位:人)

二、计算机基础课程教学目标分析

在高校计算机基础教学大纲中,高校计算机基础课的教学目标具体如下:①学生能了解、掌握计算机理论性基础知识,能提高计算机基本操作技能知识,能初步解决工作学习生活中的常见问题。②学生能体验利用计算机技术获取、处理、分析和发布信息的过程,养成良好的信息素养和勤奋学习的态度。③学生能树立知识版权观念,养成自觉遵守法律规定、抵制不良信息的好习惯。综合高校计算机基础教学大纲以及国家职业技能标准,具体划分如下。

(一)知识与技能

认识计算机软硬件系统、键盘操作及输入法、工作原理、信息安全,数制的转换;会系统基本操作,文件操作、网络运用、办公软件使用;能使用相关软件进行图片、音频和视频的处理。

(二)过程与方法

学生可以利用计算机进行问题分析、理解、探究以及实践;具备一定的科学思维方式;掌握线上学习、讨论学习、合作探究的学习方法。

(三)情感态度与价值观

基于线上线下混合式教学,学生养成良好的信息素养和勤奋学习的态度;养成良好的团队合作精神和职业道德素质;养成自觉遵守法律规定、抵制不良信息的好习惯。

三、计算机基础课程教学内容分析

依据高校计算机基础课程教学大纲相关规定,课程的教学内容分为必修模块和职业模块(选修),必修模块包括计算机基础知识、操作系统的使用、因特网应用、文字处理软件应用、电子表格处理软件应用、多媒体软件应用、演示文稿软件应用七个单元。

对教学内容进一步分类细化,有理论比重较多的,有操作实践比重较多的,还有理论和操作并重的。计算机基础知识中的计算机原理和信息安全,因特网应用的网络基础 IP、网络分类等,理论部分比较多,这一类知识更注重知识的理解和记忆,学生通过教师的讲解,能实现知识性的目标。键盘操作、操作系统使用、网络操作,以及办公软件包括文字处理、电子表格和演示文稿部分操作实践较多,需要教师在实验机房的悉心指导,关注操作实践过程,实现技能目标。计算机软硬件相关知识、网络基础知识和联网操作等章节的理论性和实践性并重,在将理论运用于实践的过程中,更能实现教学目标的升华,实现教学大纲中对学生的情感态度和价值观的要求。高等院校计算机基础课程线上线下混合式教学时,应该针对不同的内容进行教学设计的细化,另外课时安排也要根据具体教学内容、教学时段进行区别。高等院校开设计算机基础课程是三个学期,一年级整个学年和二年级的第一学期,学习相关计算机应用专业比如会计、电子商务、物流等,需要扎实掌握计算机的基础内容,达到教学目标,才利于下一步专业的学习。

四、计算机基础课程教学环境分析

教学环境属于德国设计导向职教理论中柏林模型的前期决定范畴的教学媒体和条件范畴的社会文化条件。线上线下混合式教学环境包含线下现实教学环境和线上虚拟教学环境。计算机基础课程的线下现实教学环境主要是计算机机房。线上虚拟教学环境需要教师在智慧职教平台进行创设,教师首先在平台注册,选择职业身份为教师,在下拉列表选择所属学校,用真实姓名和工号注册;学生注册要如实填写自己的学校、班级、姓名和学号,也可以将自己的账号与微信号绑定。

　　智慧职教的手机客户端 App 云课堂—智慧职教是一款自主学习和授课的移动工具,拥有优质的学习资源,强大的题库,支持各种文档和视频等资源远程遥控。在智慧职教平台,教师用教工号登录平台后,点击个人中心进入职教云,建好新增课程,然后输入班级名称、所属学期,进行人数限制;学生扫二维码或填写邀请码加入班级,等待教师审核通过。虚拟网络教学环境创建好之后,教师通过"课程设计"添加模块来建设课程,进行章节录入,搭建课程框架,然后在章节里上传学习资源,建设一个小规模在线课程,发布视频、课件、作业任务等;也可以通过职教云、资源库、MOOC、专业群导入。

　　另外,在某一个区域的高等教育学校中,尤其是在国家优化职业教育布局的形势下,好多地市建有职教园区,这样学校可以打破个体界限,相同的专业课程的相关教师可以着手建立小型在线 SPOC 课程,这个课程可具有地域特色,适用于当地的人文环境和产业布局,有利于学生学习和实习就业。职教园区以联合体的形式向智慧职教平台进行申请构建课程,教师们群策群力,将学习资源做到优选、有趣又专业,使之更好地适用于本区域的高校学生。然后对选课的条件进行限制,限制区域和专业,学生通过园区的公共免费网络,无差别地在线上平台学习,这样有利于教育资源的优化,有利于教师之间的相互交流,实现区域整体教育水平的提高。

第四章

计算机基础课程线上线下混合式教学的理论基础和可行性分析

第一节　计算机基础课程线上线下混合式教学的理论基础

　　混合式教学模式需要在多个理论共同指导下建构,不应局限在一个理论视角,综合来看,混合式教学模式理论应包括人本主义理论、建构主义理论、认知主义理论、关联主义理论、掌握学习理论、教学交互理论、香农—施拉姆传播理论,这些理论为混合式教学的设计、建构、组织、实施提供了依据与可借鉴的方法。

一、人本主义理论

　　人本主义自20世纪五六十年代提出以来,与行为主义学派、精神分析学派并称为三大势力。它的代表人物是马斯洛、罗杰斯等,该理论认为,人的学习是一个个人潜能充分发展的过程,教育活动应该是一个有机的过程;因此,人本主义认为,教育应该关注的是如何持续不断地供给学习者有关学习的热情。罗杰斯认为,教学的过程就是促进学生发展的过程,要促进学生发展就要选用合适的教学方法,所谓合适的教学方法内涵广泛。第一,要选用合适的教材,这样的教材要与学生已有的知识体系和能力水平相匹配,以便学生自主学习。

第二,教师要会教学,他认为,教学是一项技术含量很高的工作,教师不仅要能教学,更要会教学,要懂得如何因材施教。第三,要有意识地培养学生自主学习的能力,培养学生自主学习的习惯。社会的不断发展依赖的是人的能力的多样性以及他们蓬勃的激情、独立的个性。然而,社会快速的发展使人们关注的焦点越来越功利化,人们越来越多地关注成绩,却忽视了能力。人本主义学习理论认为,教师的任务不应当只是传道授业解惑,更主要的是要能够为学生创造学习的环境和条件,为学生创设出自主学习的氛围,培养学生自主学习的能力,它倡导的是一种自由式的、以学生为中心的教学观。

小规模限制性在线课程(Small Private Online Course,SPOC)在设计上,明显体现了以学生为中心、以提高学生的能力为目标的设计初衷。SPOC 的课程视频一般都是 3～7 分钟,每个视频呈现出主题内容最集中的浓缩,有的甚至更短,是根据学生思想集中时间最长为 15 分钟的科学规律而设计的,智慧职教等平台现在都开发出了适应手机应用的 App,在方便学生学习的同时也推进了泛在学习的发展。在课程中,每一小节的课程都会提供相应的背景材料,在学习材料中会说明,如果学生已经有这部分的知识背景,那么可以直接进行下一个视频内容的学习,并且还列出了任务学习单,学生可以根据任务学习单了解在该门课程中所需要完成的内容,以及需要掌握的知识点,将学习的主动权交到了学生的手上,提高了学习效率。同时,这些视频课程都是永久性开放的,学生不管何时学习都可以,遇到不会的知识、不理解的地方还可以进行反复学习,遇到自己感兴趣的地方也可以进行深入学习,这都取决于学生自己的意愿,这样的模式很大程度上确实实现了以学生为中心的教育理念。同时,SPOC 与传统教学最大的区别就是,学生的学习在空间上是一个独立完成的过程,不再是传统的师生处于同一空间中,教师作为教学的主体在讲台上进行知识的主动传输,学生在讲台之下被动接受的状态。SPOC 所创设的是一个个性化、自主化的学习环境,它将已有的技术资源、教育资源、商业资源进行重新整合,探索的是如何有效改进当前的教育状况。

混合式教学模式在教学的过程中实现了质的突破,它的特性决定了它有很强的包容性,从教材上来说,凡是能够为学生学习服务的皆可以取之服务于学生。它也是一种开放的模式,从教师主体选择上来说,同样的内容、不同的教师施教后也会取得不同的教学效果,混合式教学模式的开放性提供了广泛的选择性,可以通过科技的手段实现教师的空间流动,人尽其才。混合式教学模式也是一种灵活多变的教学模式,从培养学生能力方面来说,由于它没有固定的样式,环境的混合、资源的混合、教学方式的混合,都是建立在适应学生的自身发展的基础之上,目的都是促进学生知识的吸收以及能力的发展,力求能够实现真正的因材施教,它只有一个宗旨,即以学生为中心,为学生服务。

基于SPOC的混合式教学模式中更为深刻地体现和执行了人本主义思想,混合模式的使用,使得不管是教材还是教师都能够实现最大限度地适合学生,有利于学生。同时,这样的模式也能够充分实现学生能力的发展。SPOC的融合实现了教学资源和教师的自由流动,并且SPOC的课程设计体现了以学生为中心的服务思想,将SPOC与混合式教学模式进行融合,则实现了效果的最大化。SPOC既可以充分发挥教师的引导作用,又能够让学生充分行使自己的自主权;既可以作为课前预习的资源,也可以作为课前预习的平台。根据SPOC课程要求,进行任务单的设置,将自主学习与合作学习相结合,既培养了学生独立思考的能力,又锻炼了学生的团队协作能力,并且还实现了优质资源的共享与运用。课堂中根据学生课前的预习内容,以及预习情况,进行师生间互动活动的设计,教师担当引导者的角色,用问题引发学生的思考,根据学生课前预习反馈的情况进行深入的探究讨论,培养学生的发散性思维,以及深入探索能力,充分挖掘学生自身的学习潜力。课后利用SPOC平台以及相关平台进行拓展资源的提供,拓宽了学生学习的地理边界、时间边界、知识边界,培养学生自主探究的学习习惯,形成终身学习的性格特征,同时也减轻了教师的工作量。SPOC平台用后台系统监测,进行大数据分析,用科学的方法对学生学习情况进行有效的评测,实现针对学生的个人特点与个性特征的教学改进,这些特点无疑都是人本主义中以学生为中心,为学生服务理念的最好体现。

二、建构主义理论

维果斯基是当今教学与学习理论中社会建构主义思想的先驱。他认为,每个个体的认知方式以及认知过程是有区别的,因此,每个人的学习结果以及学习状态也是无法提前预测的。教学本身的任务不是控制学生的学习,而是促进学生的学习。随着网络在教育领域的应用和发展,关于建构主义的理论也在不断发展和完善,进行教学设计的时候重点并不是在教学目标上,而是在学生的发展上,要以学生为中心,构建能够促进学生进行知识内化的外部和内部环境,促进学生知识的吸收和能力的获得,在这个过程中,教师只是学生学习过程的辅助者和促进者。建构主义对于传统的统一式的课堂授课模式是不赞同的,它认为这样的教学方式不仅无法凸显学生的主体性与个体化,还会阻碍学生个性的发展与优势的发挥,它主张因材施教,充分发挥学生的主观能动性,每个学生都应当有与教师直接对话的机会,教师只是学生学习的引导者,不是主导者。

余胜泉认为,建构主义是培养学生创造能力的最好方式,它能够最大限度地激发学生的积极性和主动性,尤其对于学生理解复杂知识以及习得高级技能更是有着得天独厚的优势。他认为建构主义学习环境具有真实学习情景、合作学习、注重问题解决等特色,所有的学习环境都依赖于技术,以使环境易于操作,计算机以及相关技术在建构主义学习的实现过程中发挥着举足轻重的作用。

另外,建构主义理论认为学习需要发生在情境中,在社会交往以及与周围环境的交互过程中,在解决问题的同时获得技能,在这样的过程中,学生掌握着学习进程的主动权,实现构建好的学习目标。

从"教"的视角来说,传统的教学方式基本从教学设计到教学实施都是由一名教师全程执行,一个人的智慧毕竟是有限的,如何使自己设计的课程适合大部分学生,如何让课程调动学生的学习热情和积极性,这些一直是困扰大部分教师的问题。在 SPOC 中,每一门课程都是由一个团队倾情打造,团队之间的分工非常明确,负责搜集资料的、课程讲授的、测试内容答疑的以及后期制作的,各司其职,在共同协作之下完成一门课程的制作。这样的课程集结的是集体的智慧,从设计之初,它集结的就是最优秀的物质资源和人力资源,并且研究了各种学生的学习习惯、学习特性,依据科学规律设计课程,目的就是激发出学生学习的兴趣和热情,帮助学生形成自我构建,自主学习的能力。

从"学"的角度来说,SPOC 的课程是开放的、免费的,任何人想要学习都可以直接获得学习资源,舒适的心理状态有利于促进学生对知识的吸收和消化,而 SPOC 的开放性正是为学生创建了舒适的心理学习状态,让学生以一种轻松的状态实现知识的获得和构建。学习的过程也是一个新知识取代旧知识的过程,这样的过程是思维不断转换的过程,教师的点播、学生之间的交流往往有四两拨千斤之功效。SPOC 非常重视学习者之间的合作,也很强调学习者在学习过程中的主动构建,彼此互动。

SPOC 为大家提供了自由交流的场所,学生可以发表自己的任何疑问,不同的文化背景、学习背景也使得学生在交流的过程中碰撞出新的火花,学习者就在这样一个宽松、自由、活跃的集体氛围内,获得、构建进而内化所习得的知识,并且进行更高认知技能的学习。

混合式教学模式最大的特点就是凸显了学生的主体地位,混合性即为多样性,学生的个体特征本就是多样的,传统的单一的教学模式显然无法适应所有人,根据学生的状态选用最适合他们的模式,从学习环境、学习内容、学习方式到学习评价依据学生的主体需要进行混合,课前通过学习任务单的设置为学生的自主预习提供引导和方向,从而培养学生独立思考的能力、独立学习的能力以及自我消化的能力,对于不理解的地方既可以在课前与教师进行一对一交流,也可以通过学生之间的讨论获得新的启发。在课堂中,由于学生已经预先构建了基础知识,教师也可以对于知识的深度及广度进行扩展,拓宽学生的思路;课后利用已经拥有的资源,让学生根据课前与课中的学习,进行课后的自我巩固和反思,真正实现知识的内化,在这样的过程中,教师扮演的是学生引路人的角色,这样的方法对于改变"高分低能"的教育现状有着明显的促进作用。

基于SPOC的混合式教学模式,不仅实现了一个空间内的师生之间、学生与学生之间的交流互动,而且还实现了跨越空间的,与不同国籍、不同文化背景的同伴之间的互动。SPOC是新技术发展的产物,从原先的只能在计算机上操作,到现在可以在手机上操作,将泛在学习的愿景逐步现实化。在基于SPOC的混合式教学模式的实施过程中,学生是学习的主体,学生可以根据教师提供的资源,选择自己感兴趣的内容进行深入学习,并且,教师提供资源的过程也是授之以渔的过程,将学习的途径教给学生比将学习的内容教给学生有着更为长期和远大的价值。而且SPOC课程,借助计算机技术,创设地如真实情景一般,学生的情感需求可以通过混合式课程模式在课堂中得到弥补,可以说,基于SPOC的混合式教学模式,是一种将SPOC与混合式教学模式两者完美融合,从而将建构主义教学理念优势最大化发挥的一种教学模式。

三、认知主义理论

认知主义源于格式塔心理学派。认知主义认为,世界是客观的,人们对客观事物在头脑中的反映形成了知识,而知识是可以迁移的,因此它可以通过教学的方式来获得,而教学的目的就是使用最有效的方式实现知识的迁移。认知主义也强调环境在学习者学习过程中的作用,但是它认为环境作用的实现必须通过学生的内部心理作用,它认为生活处处皆知识,学习无处不在。

认知主义代表人物托尔曼认为,人的头脑中是有认知地图的,所谓认知地图,也就是学习不仅仅是一种单纯的知识获得,同时也要对学习目标、学习过程、学习途径以及学习手段有一个清晰的认知,也就是认知观念的形成,所以在学习过程之中,也需要对认知过程进行研究,强调学习的目的性和认知性。认知主义的另一个代表人物布鲁纳认为,学习的实质是将学习内容进行符号化和表征化的过程以及将这些表征进行应用的过程。皮亚杰则认为知识的获得是通过内部心理活动实现的,包括内在的编码以及组织,它重视意识在学生学习过程中所承担的角色,认为在新的学习开始之前,学习者的心里已经存在一个心理结构,这原有的认知结构对于后续的学习有着重要的影响。学习者原有的学习策略、学习态度、知识经验以及情感、信念、价值观、态度等都是影响后续学习效果的重要因素。因此,他认为在教学的过程中既要重视学生的主体作用,又要重视教师的外部刺激作用;既要重视学生的内部心理过程,又要创设合适的条件来促进学习者内部心理状态的发展。认知主义理论指导下的教学模式将学生的心理发展状态作为一个重要因素纳入了教学设计中,在教学策略和教学内容的选择上与学生原有的认知结构更为契合,学生的主动性和积极性也能够得到更好的发挥。

SPOC中的每门课程都将"认知地图"的思想很好地体现出来,每次开课之前,都会大概给出一个课程的相关介绍,并且还将教学大纲以及总时长数都公布出来,每周的主题、主要内容、相关材料、课后作业、评分标准等也会通过邮件告知学生,这样方式能够使学生预先建立"认知地图",从而更好地投入学习中。

SPOC在课程设计中,在每一节视频中,都会嵌入2～3道测试题,如果对了,会直接显示正确答案;如果做错了,学生可以有多次选择的机会,而不会直接显示答案。这样的设计是源于学生的游戏心理,学生在玩游戏的过程中会有通关的设置,只有通过了基础的游戏关卡,才能升入到新的一级。SPOC的设计借鉴了这一特点,依据学生的求胜心和好奇心在课程中嵌入测试,只有通过才能继续学习,这种设计一方面是对学生学习兴趣地刺激,另一方面也是对于学生学习效果的监督。每一步的测试即是对于之前学习内容以及学习情况的监督和检测,并且通过测试及时给予学生学习的反馈,学生也会知道自己是否理解课程所讲的内容。已有实践证明,学习SPOC课程的学生取得的成绩要比参加传统课堂学习的学生的成绩好。

学习的主体应当是学生本身,然而传统的教学模式由于技术条件、人力条件等问题的限制,使得教师成为所有学习活动的中心。教师既是学习活动的发起者,又是执行者、监督者、检测者,多个角色集于一身,纵使有三头六臂也无法将所有角色都扮演好。何况,学生间又有着明显的个体差异性,在这种情况下学生的个体差异性无法被顾及也是在所难免,这也是说中国教育就是一个复刻机的根源所在。混合式教学模式的发展是教育理论和科学技术不断发展的产物,它的理念即是在适当的时间,通过适当的技术,运用适当的风格,对适当的学习者传递适当的能力,从而取得最优化的教学效果。把传统教学效率高、师生间可以进行情感互动等优势与网络教学自由、多变,共享方面的优势相结合,在知识迁移的过程中,既充分发挥教师的引导、启发和监督的作用,又将学生在学习过程中的积极性、主动性和创造性充分调动和发挥,用最简单的办法实现知识的有效迁移以及学生能力的获得。

关注学生内部心理发展也即为关注学生本身,基于SPOC的混合式教学模式的设计理念是以学生为中心,课前资料的提供及学习任务单的设计,出发点都是学生的接受程度、接受能力、已有的知识基础、关注的兴趣点等,在此基础上设计相应的问题,引发学生对所学内容的思考,激发学生深入探究的兴趣。同伴之间的合作既是一种彼此的促进也是一种彼此的监督,实现了纵向和横向监督并行的状态。课堂中已有教学资源的运用,既实现了物尽其用,又解放了老师,使得老师有更多的时间和精力投放到学生身上,关注学生的成长与发展。课后,交流平台的运用,延展了课堂的宽度和广度,使得课堂不再局限于仅有的课上时间,任何时候、任何地点、任何疑问都可以与教师实现无缝衔接的交流。在大数据技术支持下,用科学的手段分析学生的学习情况,进而进行科学性的改革和调试,使设计的活动更为适应学生的学习需求和发展需求,通过内部及外部条件的作用,实现学生能力的提升、情感的提升、态度的培养。

四、关联主义理论

关联主义又称联通主义、连接主义,是由乔治·西蒙斯提出的符合网络时代发展特征的理论。学习(被定义为动态的知识)可存在于我们自身之外(在一种组织或数据库的范围内)。学习发生在模糊不清的环境中,没有固定的要求和界限。关联主义理论是一种适用于数字时代的学习理论。

(一)关联主义理论主要原理

(1)知识存在于节点之上,不同节点之间存在强弱连接。

(2)学习是将节点相互关联构建内部网络的过程。

(3)学习可以通过电子设备工具进行。

(4)持续学习的能力比当前知识的掌握更重要(管道比内容更重要)。

(5)时刻建立或取消不同节点之间的关联,使其知识体系动态发展起来。

(6)提升搜寻有意义节点并建立连接的能力。

(7)学习的目的是促进知识的流通。

(8)决策也是一种学习。选择对自己有用的内容,并根据外界环境的变化调整结构。它发生在模糊不清的环境中,没有固定的要求和界限,可以选择对自己有用的内容,并根据外界环境的变化调整结构。

在知识观方面,关联主义认为学习活动就是为了促进知识流通。知识在一个交替流动的过程中得到不断更新,它是动态流动的。知识的流动循环(图 4-1)主要经由以下流程:从某个人、群体或组织的共同创造开始,然后分发知识、传播重要思想、知识的个性化、实施再回到知识的创造这样一个循环的过程,从而使我们的知识经历得到个性化的解读、内化、创新。当知识流经人们的世界和工作时,不能把它看作保持不变的实体并以被动的方式来消费,应以原创者没想到的方法裁定他人的知识。

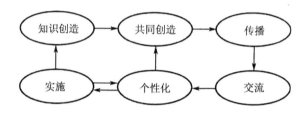

图 4-1 知识流动循环

(二)关联主义视角下的学习内容与学习过程

1.学习内容的可变性

学习内容是指信息或知识。乔治·西蒙斯注意到当学习者与学习内容(或信息)建立联系后,实际上创建了一个包括不同观点的网络,使学习者的个人观点通过范式确认获得新的意义。这就是说,连接改变了内容,位于网络中的内容被赋予了新的意义;或者更确切地说,当网络有了新的内容,便渗透了新的意义,这说明创建连接比内容更重要。当网络大到可以说明不同视角时,它创建了某个层次的意义,反映了各种个体元素的合成力量。因此,当内容创建加速后,人们与内容的关系便发生了变化,即人们不再需要所有相关的内容项目。按照他的观点,知识也有半衰期,经过一段时间,知识会老化、会变得陈旧。

2.学习内容的现实性

关联主义为学习者提供某种类型的内容,因而产生价值。但人们需要的不是泛泛的内容,我们需要的是现时的、相关的、切合语境的内容。关联主义的优势便在于它解决了内容的现时性,使学习内容更有用途。传统的教材或手册很难满足这个标准。即使学校或公司举办短训班,更新和充实学生或雇员的知识,有时也无济于事,且耗资较大。人们接触到的知识应该是极为需要的。过去把知识看作容器的观点限制了知识的流通,降低了学习效应。为了保证内容的现时性,安排教学时需要我们思考缜密,计划周到。这需要很好的管理系统、聚合器、智能搜索等辅助工具。

3.学习内容的连续性

电子化学习或多媒体学习最初采取课堂搬家的模式。教学内容往往是线性的课程,学习者需要投入大量时间掌握其内容。今后的学习可以是小型的,以个体为目标的种种方式。除纸质教材外,可用计算机,甚至手机进行学习。这样有利于知识的传授连续进行,而不是学习预先构制的课程。从学习者的角度看,学习内容应易于被找到。总之,学习过程和求知过程是恒常的、不断进行的过程,不是最终状态或产品。

4.学习内容的相关性

相关性是接纳或使用任何内容的必要条件。如果有的内容与人们关注的内容不相关,就不会被使用。今天人们对待知识也是如此。当然,有些看起来是不相关的内容,对发展人们将来的能力也许是关键的。因此,相关性可以界定为一种资源或活动是否符合个体不同时期需要的程度。相关性越大,其潜在价值越大。同样,学习者如果认为相关性不大,便会影响他的学习动机和行动。相关性不仅关系到内容的实质,对所说的内容或信息的现时性也至为重要,可有效地应对知识的增长和功能。

5.学习内容的复杂性和外部性

今天知识流通迅猛、日趋复杂。一方面需要掌握种种观点才能得其全貌;另一方面靠一个人正确掌握和理解一个情景、一个领域、一个课题的全部内容甚为困难,个体很难具备这种能力。这迫使人们需要寻找新的学习模式,人们得依靠不同专业化内容或信息源的连接。学习的网络模型应运而生,它帮助人们将一部分有关知识的处理和解读过程卸载到学习网络的节点中。通过技术的应用,学习者可以按类建立种种节点,让每个节点储存和提供他们所需要的知识。这样,学习的部分活动卸载到网络上了。这个观点最能对付知识的日益复杂化和加速。用乔治·西蒙斯的话说,"知识存在于网络中""知识/学习可处于非人的器皿中,学习由技术实现和提供方便"。由此,他认为一个人如何更多知道的能力比知道的现有知识更为关键。在不同领域、观点和概念之间发现连接、识别范式和创建意义的能力就是今天培养学习者掌握的核心技能。

6.学习中的决策

学习是一个混乱、模糊、非正式、无秩序的过程,因此如何做出抉择也是在学习,即如何在不断变化的现时世界选择学习内容和判断新信息的意义。由于影响决策的信息环境的变化,今天认为是正确的答案,明天可能成为错误。当今许多现有学习理论将知识的处理和解释寄托于从事学习的个体上,如果知识流通量不大,这些模式是可行的,但如果知识像汪洋大海滚滚而来,那种涓涓细流式的学习方式便难以适应。

7.学习的社会性

乔治·西蒙斯在强调学习者个体与学习内容关系的同时,也认为社会、社区和同学对学习有重大作用。乔治·西蒙斯2005年认为他的这些观点对于教育(特别是高等教育)、机关和企业培训具有重大意义。当学习行为被看作学习者能够控制的活动时,设计者们需要将关注点转移到培育理想的生态系统以促进学习。通过认识到学习是一个混乱、模糊、非正式、无秩序的过程，人们需要重新思考如何设计教育指导，如何侧重培养学习者驾驭信息的能力。人们正在从正式刻板的学习方式迈向非正式、以连接为基础、网络创建的学习方式。

(三)关联主义的学习理解

在有意义制定的过程中，意义和情感的融合非常重要。思维和情感是相互影响的。仅仅考虑某个维度的学习而忽略大部分学习是怎么产生的研讨是不够的。

学习的终极目标是增强"做事"的能力。这种增进的能力可能是实践意义的(例如发展使用新软件工具的能力或滑雪的能力)，也可能是在知识时代使工作更有效的能力(自我意识、个人信息管理等)。"学习的全景"，不仅是获得技能和理解，应用是其中的必要部分。动机原理和快速决策通常能决定学习者是否能运用所学知识。

学习是一个连接专门节点或信息资源的过程。如果一个学习者能与现有的网络相连接，那么就能够极大地改善学习效率。学习可能储存于人工制品中，学习(指知道但不具备行动的特质)可以存在于某个社团、网络数据库中。"知道更多"的能力比"目前知道多少"更重要，"知道从何处寻找信息"比"知道的信息"更重要。对学习者来说，培育和维护各种连接、善于与外源建立有效的连接比单纯理解某个单一概念能获得更大的回报。

学习和知识存在于多样性的观点中。学习方式多种多样，如课堂、电子邮件、共同体、对话、网络搜寻、电子邮件列表、博客等，课堂或课程不再是主要的学习渠道。有效的学习需要不同的方法和个人技能，如能洞察不同领域、观点和概念之间的关联，就是一种核心技能。学习要善于整合组织学习与个人学习的效力。个人知识是一个网络，它注入组织和机构中，组织与机构又回馈给网络，并持续地为个人提供学习机会。关联主义试图提供个人学习和组织学习是怎样的解释。

学习活动的宗旨是关注知识的现时性（精确的、最新的知识）或流动性。决策本身是一种学习过程。在今天这个社会，人们需要根据不断变化的现实来选择"学什么""怎样学"和"如何理解新信息的意义"。决策的正误会因信息背景的改变而变化，今天的正确明天就可能变成错误。学习是一个创造知识而不仅仅是汲取知识的过程。为此，学习工具和学习方法设计应当充分关注学习的这一特点。

（四）关联主义的基本要素

1. 网络

关联主义以网络学习为基础。网络具有内在的简洁性，即它只有节点和连接两个元素。

节点是可以用来连接到其他元素的成分，是可以用来形成网络的外部实体，它可以是人、单位、图书馆、网址、书籍、杂志、语料，或任何其他信息源。这些节点的聚合产生了网络。网络可以合并形成更大的网络。

连接是各个节点之间的任何联系方式。学习的行为是创建节点的外部网络，从而形成信息源和知识源。这是为了保持知识的现时性和连续获得、经历、创建和连接外部的新知识。学习网络也可以看作内部心智中进行连接和创建理解范式的结构。即使网络的连接不那么紧密，节点仍可以存在于网络中。每个节点都有能力以自己的方式起作用。网络本身是节点的聚合体，但对网络每一节点的性质影响有限。

节点形成连接受许多因素的影响。一旦网络建成，信息可以很方便地从一个节点流向另一个节点。两个节点之间的联系越强，信息流动得越快。

2. 信息系统

网络创建的信息系统包括：

（1）数据：初始元素或较小的中性意义元素。

（2）信息：有智能应用的数据。

（3）知识：语境中的或已内化的信息。

（4）意义：对知识细微差别、价值、含义的理解数据。

信息系统是一个连续体，学习就是知识转化为某种意义（然后通常这会产生可以遵照行事的某种东西）的具体过程。在这个过程中，学习是编码、组织节点以促成数据、信息和知识流动的行为。

3. 元素特征

网络的元素特征包括：内容（数据或信息）、互动（尝试性形成连接）、静态节点（稳定的知识结构）、动态节点（新信息的增添和数据的不断变化）、自动更新节点（与原信息源紧密相连的节点，产生高度流动性，体现最新信息）、情绪因素（影响连接和网络中心形成期望的情感）。

数据和信息是数据库元素，它们需要以能使它们在现有网络中动态更新的方式存贮和处理。当这些元素更新时，整个网络结构也同样受益。从某种意义上讲，一方面，网络在智能上不断成长；另一方面，知识和意义从潜在的数据或信息元素中获得了价值。

4. 形成关联的因素

连接虽是网络学习的关键，但在整个结构中并非每个连接的分量和影响力都相同。因此，连接的增强受制于动机、情绪、节点的关联性、合乎逻辑的反思、认识自然和组织不同类型信息与知识的范式化过程、熟悉自己身处的专业领域的经验。

5. 网络形成过程中的学习

学习与网络形成过程之间互相影响。从学习是知识和意义之间发生的活动来看，它是网络形成中受到影响的因素。但学习本身也是影响因素，因为实践过程是网络创建和形成的过程。学习不能只看作被动（被作用）或主动（作用于其他元素）的过程。

6.创建意义

网络中的意义是通过连接的形成和节点编码产生的。最佳意义的产生符合系统的一般特性：开放性、适应性、自我组织并具备修正能力。对潜在语义的分析可以通过将新节点融入现有网络结构的过程来解释。新节点在整个网络中提供连接和知识流。作为连接元素，节点可以作为新信息发送的中心，或者只是简单地在原本互不相连的想法和概念之间形成新的连接。在逻辑、认知和情感彼此激活和交织的过程中形成了意义。

（五）关联主义理论指导作用

关联主义理论对设计混合式教学模式的指导作用主要表现在以下两个方面。

1.知识是具有关联性的网络整体

混合式教学的线上教学部分由于学习场所的虚拟性、接触资源的碎片化，容易导致学习者所习得的知识处于分散、支离的状态。而在关联主义理论的指导下，教师和学习者需要有意识地对教与学的状态进行把控。首先，教师提供给学习者的知识要相互连贯，遵循由浅入深、由易到难，小到一节课、一个单元，大到整本书，所呈现的知识需要遵循一定的知识逻辑结构，使学习者明晰整体的知识脉络。其次，教师面授教学的教学内容应与线上组织的教学资源相互关联，线上线下不能相互脱离，二者均要有各自的教学呈现方式，但是整体上又是互相对应，彼此联系的。

2.教师与学习者时刻保持关联

教师与学习者是教学过程的两大主体，师生之间的互动在教学过程中是必不可少的。由于线上教学过程的时空分离性，师生之间的互动往往受各种因素的限制而不便随时互动沟通。基于此，应用QQ、微信等软件保持沟通，通过线上途径，学习者能够相互探讨，教师亦能够及时掌握学习者的进度，及时解答学习过程中出现的问题。

五、掌握学习理论

掌握学习理论由美国著名心理学家、教育家布鲁姆提出,意谓"熟练学习、优势学习",是指只要具备所需的各种学习条件,大多数学生(95%以上)都可以完全掌握教学过程中要求他们掌握的全部内容。

(一)教育目标分类

布鲁姆等人把教育目标分为三个领域,即认知领域、情感领域和动作技能领域。在每个领域中都按层次由简单到复杂地将目标分为不同类型,又可以将每一个类别进一步区分为若干个亚类。

1.认知领域的目标分类

(1)知道。指对先前学习过的知识材料的回忆,包括具体事实、方法、过程、理论等的回忆。知道是这个领域中最低水平的认知学习结果,它所要求的心理过程主要是记忆。

(2)领会。指把握知识材料意义的能力。可以借助三种形式来表明对知识材料的领会:一是转换,即用自己的话或用与原先的表达方式不同的方式来表达自己所学的内容;二是解释,即对一项信息(如图表、数据等)加以说明或概述;三是推断,即预测发展的趋势。领会超越了单纯的记忆,代表最低水平的理解。

(3)把学到的知识应用于新的情境。它包括概念、原理、方法和理论的运用。运用的能力以知道和领会为基础,是较高水平的理解。

(4)分析。指把复杂的知识整体材料分解成组成部分并理解各部分之间联系的能力。它包括部分的鉴别,分析部分之间的关系和认识其中的组织原理。例如,能区分因果关系,识别史料中作者的观点或倾向等。分析代表了比运用更高的智力水平,因为它既要理解知识材料的内容,又要理解其结构。

(5)综合。指将所学知识的各部分重新组合,形成一个新的知识整体。它包括发表一篇内容独特的演说或文章,拟订一项操作计划或概括出一套抽象关系。它所强调的是创造能力、形成新的模式或结构的能力。

(6)评价。指对材料(论文、小说、诗歌、研究报告等)做出价值判断的能力。它包括按材料的内在标准或外在标准进行价值判断,例如,判断试验结论是否有充分的数据支持。这是最高水平的认知学习结果,因为它要求超越原先的学习内容,并需要基于明确标准的价值判断。

2.情感领域的目标分类

(1)接受(注意)。指学习者愿意注意某特定的现象或刺激,如静听讲课、参加班级活动等。

(2)反应。指学生主动参与、积极反应,表示较高的兴趣。例如,完成老师布置的作业等。

(3)价值评价。指学习者用一定的价值标准对特定的现象、行为或事物进行判断。它包括接受或偏爱某种价值标准和为某种价值标准做出奉献。例如,欣赏文学作品,在讨论问题中提出自己的观点等。

(4)组织。指学习者在遇到多种价值观念呈现的复杂情境时,将价值观组织成一个体系,对各种价值观加以比较,确定他们的相互关系及它们的相对重要性,接受自己认为重要的价值观,形成个人的价值体系。

(5)有价值或价值复合体形成的性格化。指学习者通过对价值观体系的组织,逐渐形成个人的品性,如世界观的形成。

3.动作技能领域的目标分类

(1)知觉。是从事一种动作最实质性的步骤,它是通过感觉器官觉察客体、质量或关系的过程。知觉活动是动作活动的必要条件但不是充分条件。知觉是导致动作活动的"情境—解释—行动"连锁中基本的一环。知觉包括感觉刺激（听觉、视觉、触觉、味觉、嗅觉、动觉）、线索的选择和转化。

（2）定式。是为了某种特定的行动或经验而做出的预备性调整或准备状态，定势包括心理定式、生理定式、情绪定式。

（3）指导下的反应。是形成技能的最初一步，这里的重点放在较复杂的技能成分上。指导下的反应是个体在教师指导下，或根据自我评价表现出来的外显的行为行动。从事这一行动的先决条件是做出反应的准备状态，即产生外显的行为行动和选择适当反应的定式。所谓反应的选择，是指决定哪些反应能够满足任务操作的要求而必须做出的。

（4）机制。已成为习惯的反应。在这一层次上，学生对从事某种行动已有一定的信心和熟练的程度。这一行动是他对刺激和情境要求能够做出种种反应的行为库的一部分，并且是一种适当的反应。这种反应比前一层次的反应更为复杂，它在完成任务过程中也可能包括某种模仿。

（5）复杂的外显反应。这里指个体（学生）因为有了所需要的动作形式，能够从事相当复杂的动作行动。在这一层次上，个体（学生）已经掌握了技能，并且能够进行得既稳定而又有效，即花费最少的时间和精力完成这一动作。

（6）适应。是一种生理上的反应，是为了使自己的动作活动适合新的问题情境，就必须改变动作的活动。

（7）创作。根据在动作技能领域中形成的理解力、能力和技能，创造新的动作行动或操作材料的方式。

（二）掌握学习教学理论

在布鲁姆看来，只要恰当注意教学中的主要变量，有可能使绝大多数学生都达到掌握水平。

1.定义

所谓"掌握学习"，就是在"所有学生都能学好"的思想指导下，以集体教学(班级授课制)为基础,辅之以经常、及时的反馈,为学生提供所需的个别化帮助以及所需的额外学习时间,从而使大多数学生达到课程目标所规定的掌握标准。

布鲁姆认为,只要给予足够的时间和适当的教学,几乎所有的学生对所有的内容都可以达到掌握的程度(通常能达到完成80%～90%的评价项目),学生学习能力的差异不能决定他能否学习要学的内容和学得好坏,只能决定他将要花多少时间才能达到该内容的掌握程度。换句话说,学习能力强的学习者可以在较短时间内达到对该内容的掌握水平,而学习能力差的学习者则要花较长的时间才能达到同样的掌握程度。

在学习程序中,他将学习任务分成许多小的教学目标,然后将教程分成一系列小的学习单元,后一个单元的学习材料直接建立在前一个单元的基础上。每个学习单元都包含一小组课程,学生通常需要1～10小时的学习时间。然后教师编制一些简单的诊断性测验,这些测验提供了学生对单元的目标掌握情况的详细信息。当达到所要求掌握的水平,学生可以进行下一个单元的学习,若成绩低于所规定的掌握水平,就应当重新学习这个单元的部分或全部内容,然后测验,直到掌握。

2.核心思想

如果学生的能力倾向呈正态分布,而教学和学生用于学习的时间都适合于每一个学生的特征和需要,那么大多数学生都能掌握这门学科,即大多数学生都能顺利地通过该学科各单元规定的80%～90%的测验题目,达到优良成绩。一般在一个班级中,只有5%～10%的学生不能达到优良成绩。能力倾向和学习成绩之间的相关性接近于零。当教学处于最理想状态时,能力不过是学生学习所需要的时间。教学是一种有目的、有意识的活动,如果我们的教学富有成效的话,学生的学习成绩分布应该是与正态分布完全不同的偏态分布。

3.变量

布鲁姆掌握学习教学原理是建立在卡罗尔关于"学校学习模式"的基础上的。卡罗尔认为,学习程度是学生实际用于某一学习任务上的时间量与掌握该学习任务所需的时间量的函数,即学习程度＝实际用于学习的时间量/需要的时间量。实际用于学习的时间量是由机会(允许学习的时间)、毅力和能力倾向三个变量组成的。需要的时间量由教学质量、学生理解教学的能力和能力倾向三个变量组成。布鲁姆接受了上述卡罗尔"学校学习模式"中的五种变量(其中两种能力倾向为一个变量),将其作为掌握学习教学的变量。

(1)允许学习的时间:是指教师对学生完成一定的学习任务所明确规定的时限。学生要达到掌握水平,关键在于时间量的安排要符合学生的实际状况。如果学生有足够的时间去学习,则绝大多数都能达到掌握水平。为此,他认为教师应做到以下两点:第一,改变某些学生所需的学习时间。如师生如何有效地利用时间,以减少大多数学生学习的所需时间。第二,找到为每个学生提供所需时间的途径。当然布鲁姆也承认,学生掌握某一学习任务所得的时间,是受其他变量影响的。

(2)毅力:指学生愿意花在学习上的时间。毅力与学生的兴趣、态度有关。如果学生的学习不断获得成功或奖励,那他就乐于在一定的学习任务中花更多的时间;反之,他受到挫折或惩罚,必然会减少用于一定的学习任务的时间。通过提高教学质量来减少学生掌握某一学习任务所需要的毅力,因为我们没有什么理由要把学习弄得很难,非要学生有坚忍不拔的毅力不可。

(3)教学质量:指教学各要素的呈现、解释和排列程序与学生实际状况相适合的程度。布鲁姆认为教学的要素是:向学生提供线索或指导,学生参与学习活动的程度,给予强化以吸引学生学习,反馈—矫正系统。由于每个学生在完成某一学习任务时,其认知结构各有特点,使他们对教师提供的线索或指导等有不同的需求,故教师应寻找对学生最适合的教学质量。如果每个学生都有一个了解自己实际状况的辅导者,那么他们大多能掌握该学科。教学质量评价的主要依据是每个学生的学习效果,而不是某些学生的学习效果。

(4)理解教学的能力:指学生理解某一学习任务的性质和他在学习该任务中所应遵循的程序的能力。理解教学的能力主要决定于学生的言语能力。目前绝大多数学校采取班级授课制,一个教师面对几十个学生。如果其中某些学生不善于理解教师讲解和教科书内容,学习就会遇到困难。所以,只有改进教学,如通过小组交流、个别对待、有效地解释教科书、视听方法的运用与学习性游戏等系列教学才能使每一个学生提高言语水平,并发展其理解教学的能力。

(5)能力倾向:指学生掌握一定的学习材料所需要的时间量。因此,只要有足够的时间,大多数学生都能完成一定的学习任务。这就是说,能力倾向只是学习速度的预示,而不是学生可能达到学习水平的预示。有证据表明,通过提供适当的环境条件和在学校、家庭中的学习经验,改变能力倾向是可能的。

布鲁姆认为上述掌握学习教学的五种变量对教学效果产生相互作用的影响。教师的任务是控制好这些变量及其关系,使它们共同对教学发挥积极的影响。

4.实施过程

可以分为两个阶段。

(1)教学准备阶段:掌握学习的先决条件。第一,教师首先给掌握学习下定义,即明确阐述掌握学习意味着什么,需要掌握什么学习内容。第二,教师把课程分解为一系列学习单元,并制定具体教学目标。每个单元大体包含两周的学习内容。第三,在新课程开始之前,教师对学生进行诊断性评价,了解学生具备了多少有关学习新课的知识以及学生的学习动机、态度、自信心等情况,以便在新的学习中为学生安排适当的学习任务,实行因材施教的教学手段。第四,教师根据每一单元的教学目标编制该单元简短的"形成性测验"试题,一般为 20 分钟左右,目的是评价学生对该单元内容的掌握情况。第五,教师根据形成性测验试题再确定一些可供选择的学习材料(如辅导材料、练习手册、学术游戏等)和矫正手段(如小组学习、个别辅导、重新讲授等),供学生在学习遇到困难时选择。第六,教师编制"终结性测验"试题,测验试题的覆盖面应包括各教学单元的全部教学目标,目的是评价学生是否完成了该学科的学习任务。

(2)教学的实施阶段:掌握学习的操作程序。基本过程如下:

学生定向—常规授课—揭示差错—矫正差错—再次测评—总结性评价。

第一阶段:学生定向。学生定向阶段主要是教师告知学生学习的目标。

教学开始时,需要为学生的掌握情况定向,教师应向学生说明掌握学习的策略、方法与特点,使学生了解学习的方向并树立能够学好的信心以及形成掌握而学的动机。这是为了使学生适应所要采用的操作程序。

教师应向学生表明其信心,大多数学生便能够高水平地学会课程的每一单元或教科书中的每一章内容;如果学生在学习每一单元时尽力达到掌握水平,那么他们就会在为分等而进行的测试与考核中做得十分出色。学生应当懂得分等是根据既定的标准,而不是依据在班里的次序。这就是说,只要他们的表现可以证明得分正当,所有人都可能得到最高的等级。每个学生的学习等级以期末成绩为依据,达到标准都将获得优良。

教师应当讲演,需要另外时间与帮助的学生可以得到所需的一切,得到一些供选择的学习程序或矫正方法以帮助他们掌握所学知识,掌握在每次形成性测试时遇到困难的那些概念。教师还应强调,做出额外努力的学生将会发现,他们逐渐地只需要付出越来越少的额外努力,便可达到掌握新的单元或章节。教师应该告诉学生,他们在学习过程中一定会激发更大的兴趣,发现更多的乐趣,而且这些程序将最终帮助他们学习其他学科,达到比往常更高的水平。

教师还应说明,在掌握学习中,群体教学与学习材料同该课程的常规班或控制班所采用的完全一样。所不同的是,在每个学习单元结束时,进行一次形成性测试(形成性测试 A),为师生提供反馈。以便及时发现学习中的问题,并采取矫正性措施使问题得到解决。然后,在两三天内,对学生进行第二次平行形式的形成性测试(形成性测试 B),学生只需回答第一次测试时未做对的问题。

第二阶段:常规授课。定向阶段以后,教师用群体教学方法讲授第一学习单元,给予学生相同的学习时间。

第三阶段:揭示差错。这个学习单元完成之后,教师要对全班学生进行单元形成性测验。然后对这一测验打分(通常由学生自己评分),以便确认哪些题目做对了,哪些做错了。教师读出解答方案或正确的回答,学生自己给测验评分。宣布表示掌握的分数(通常是试题数量的 $80\%\sim85\%$)后,通过举手或其他手段了解达到掌握水平和未达到掌握水平的学生人数。

第四阶段:矫正差错。对于通过的学生,可自由参加提高性学习活动或做未达到掌握水平学生的个别辅导者;未通过的学生则被要求使用适当的矫正手段来完成他们的单元学习。

第五阶段:再次测评。在补救教学结束之后,让未掌握单元学习任务的学生参加第二种平行形式的形成性测验。第一单元的教学通过上述程序,绝大多数学生达到该单元的教学目标后,便可转入第二单元的教学。对于尚未通过的学生,教师还要再尽力帮助他们。

掌握学习的实质是,群体教学辅之以每个学生所需的频繁反馈与个别化的矫正性帮助。提供个别化的矫正性帮助能使每个学生学会他未领会的重点。这种帮助可以由一名助手、其他学生、家庭提供,或者要学生参考教材中的适当之处。做好这一工作,大多数学生便能够完成每一项学习任务,达到掌握的目标。

第六阶段:总结性评价。教师最后实施课程的终结性考试,给考试分数达到或高于预先规定掌握成绩标准的所有学生 A 等或相应的等级。

(三)掌握学习教学理论的指导作用

掌握学习教学理论对设计混合式教学模式的指导作用主要表现在以下三个方面。

首先,混合式教学模式将部分教学任务转移到课下进行,这意味着有更多自由、充分的时间供学习者自由支配,学习者可以根据自身的实际情况选择合适的学习进度以及教学方法自定步调学习。通过完成教学任务、观看教师录制的视频以及资料自主学习,并完成在线测试,判断对于基本知识的掌握情况,对于未掌握的知识进入二次学习,掌握后方可进入下一个阶段的学习。

其次,教师应该为学生设定明确的教学目标,在本次课程中学生应该达到什么样的程度、具体应用的学习方式,需要达成的指标等,使学习者有明确的学习方向,同时激发学习动力。

最后,在保证基础知识掌握的前提下,对于材料引申、拓展学习部分教师可以划分不同的难度水平以供学习者选择,这样既解决了有些学生"吃不饱"的现象,也可以避免一些学生因"吃太多、太快"而"消化不良"的问题,打破了教学过程中存在的进度一致、步调一致的桎梏,使学生的个体差异性得到尊重。

六、教学交互理论

在信息交互与社会交往大背景下,教学交互成为教学活动中必不可少的一个环节。任何形式的教学活动都离不开一定程度的交互,交互是教学活动发生的必要载体,而教学交互区别于传统的人际交互,旨在推动教师与学习者交流与理解,在引入某种技术的基础上,促进教学活动的高效完成。有学者将交互分成两个状态,一是适应性交互,即指学习者行为与教师建构的环境之间的交互,如学生对教学平台的操作过程;二是对话性交互,指学生与教师之间的交互,这一层面主要是学习者与教学要素、资源信息之间的交互。

(一)交互影响距离理论

交互影响距离理论的提出者是穆尔(Moore),他指出交互影响距离不是物理距离,而是由物理距离、社会因素等导致的师生在心理上产生的距离。"结构"与"对话"是交互影响距离的两个要素,其中,结构与交互距离是正比的关系,而对话与交互影响距离是反比的关系。也就是说,结构化程度高的课程,师生间的对话较少,交互影响距离最大;相反结构程度低(结构灵活),对话会增多,时间的交互影响距离随之减少。从学习者的角度看,交互影响距离越大,学习者的自主性要求越高。简单地说,交互影响距离是人与人之间的心理距离感。在混合式教学中,培养学生的自主学习能力是其中一个目标,而这个自主性又与交互影响距离有联系,因此面对面教学交互设计、非面对面的交互设计等都要基于交互影响距离理论来进行,尽量让学生与教师之间及学生与学生之间有一个比较合适的交互影响距离。

(二)等效交互理论

等效交互理论是安德森(Anderson)从节约时间和经济成本的角度提出来的,其基本思想是各种类型的交互转换可以相互转换和替代。该理论指出,教师与学生、学生与学生、学生与学习内容这三种交互类型,如果有一种类型是高频率交互,那么其余两种交互频率就会少,甚至没有,但是有意义的正式学习仍然得到支持,且不会降低教学体验;如果三种教学交互中有两种或两种以上的交互类型是高频率交互时,有可能产生更满意的教学体验,但需要花费更多的时间成本和经济成本。在混合式教学实践中,不能一味地追求教学交互频率或交互水平达到最高,而忽略其他成本的投入,因为实际教学中教学时间是有限的,需要综合考虑教师和学生的时间比例及经济成本。

（三）教学交互层次塔理论

教学交互层次塔理论是陈丽教授站在建构主义学习理论的视角提出的，是用来揭示和解释远程教学中教学交互的特征与规律。教学交互从低级到高级可分为三层交互，即操作交互、信息交互、概念交互。其中，概念交互是最高级、最抽象的交互，而操作交互是最低级、最具体的交互，高级交互是以低级交互为基础的。教学中交互的目的是让学生获取和建构自己的知识体系，形成自己的概念，即达到高级层次的概念交互，而高级交互层次不是一蹴而就的，它需要进行低级的操作交互和信息交互。

在混合式教学中，以教学交互层次塔理论为指导，在教学交互式设计和实施过程中尽可能多地给学生提供足够的低级交互机会，为其上升为最高的概念交互打好基础，引导学生向较高层次进行交互。

（四）教学交互理论的指导作用

教学交互理论对建构混合式教学模式的指导作用主要表现在以下两个方面。

交互是混合式教学活动中至关重要的步骤，在混合式教学的设计过程中应时刻以交互为核心。第一，教师与学习者交互应遵循便利性、高效性原则，在线上、线下的教学中都能够达到即时的交互。第二，师生与平台易于交互，具体针对教师课程资源上传、页面美观性、学生观看的舒适度，即平台人性化的功能设置。

七、香农—施拉姆传播理论

（一）香农—施拉姆传播理论

香农—施拉姆传播理论是双向互通的循环式信息传输模式，施拉姆在香农传播模式的基础上引入"反馈机制"，继而产生了香农—施拉姆模式。反馈机制的引入将双方的互动过程关联起来，摆脱了以往信息单向流通的缺点。香农—施拉姆模式认为，只有信息发出者与信息接收者在经验领域有重叠互通的部分,传播才得以完成,如图 4-2 所示。

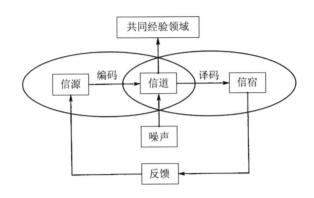

图 4-2　香农—施拉姆模式

香农—施拉姆模式包括信源、编码、信道、译码、信宿、噪声和反馈 7 个元素。

(1)信源:就是信息的发出者,从一组可能传播的消息中产生出实际传播的一条消息,这条消息可能是口头语、书面语言、音乐、图像,还有可能是集各种传播形式为一体的消息。

(2)编码:就是将消息转变为信号以适合传播渠道使用。

(3)信道:是信号传播的渠道。

(4)译码:是将信号转变为消息的过程。

(5)信宿:是信息的接受者。

(6)噪声:指的是一切传播者意图以外的、对正常信息传递的干扰。构成噪声的原因既可能是机器本身的故障,也可能是来自外界的干扰。

(7)反馈:是在传播过程中,信宿向信源返回信息的过程。

该模式体现了传播活动的信源和信宿之间的互动,认为信源发出信号是基于自身的经验范围。信源基于自己的经验领域,把要传递的信息按照一定的规则进行编码转变为信号,发送给信宿。信宿接收到信源发送的信号后,在自己的经验领域内按照相同的规则把得到的信号进行译码,还原为信息。信源的经验领域和信宿的经验领域必须有交叠的部分,传播才能成功;如果信源和信宿的经验领域没有任何交叠的部分,则传播就会失败。当有效的传播过程发生之后,信宿获得了新的信息。这些新信息通过其大脑加工,就会转变为自己的知识或经验,从而丰富和扩展了其经验领域,使其原有的经验领域得到扩展。信宿获得的信息越多,其原有的经验领域被扩展的程度就越大,表明传播的效果就越好。信宿获得信息后,把自己获得信息的情况返回给信源。信源得到信宿的反馈信息后,才能确定自己发送的信息是否被完全正确地接收和理解,并据此决定是否进一步改进其传播活动。

反馈是知识传播过程中极其重要的因素,恰如其分的反馈让被动的单向交流转向双向流通。在经验领域方面,无论是信息传播者还是接受者均有自身逐渐扩展的经验领域,且二者的经验领域在相互交叠的情况下知识传播才有可能发生。假使二者的知识经验领域处于分离状态,就会传播失败,双方经验重叠的部分越多,表明双方的公共经验越多,那么信息的沟通则更加通畅。因此,如果想提高信息传播的效率,可以通过增进双方的经验领域重合部分入手。

(二)香农—施拉姆传播理论的指导作用

香农—施拉姆传播理论对设计混合式教学模式的指导作用主要表现在以下两个方面。

(1)在混合式教学模式的施教过程中引入反馈机制,设置在线测试、留言板等环节便于教师接受学习者学习情况的反馈,及时调整教学计划,适时的反馈有助于增加教学的针对性与指向性。

(2)要求实施混合式教学的教师既要建立与学习者的共同经验领域,确保教学内容的起点在学生可以接受的认知范围内,同时又要合理兼顾开发学习者新的领域边界,达到尽量向外延伸的临界开发领域。同时在教学过程中加入反馈机制,教学反馈有助于教师把握学习者在线学习的效果与疑问,使教师的教学更有方向及目的性。

第二节　计算机基础课程线上线下混合式教学的可行性分析

在国家宏观政策支持、信息技术进步、高校教师信息化教学能力提升和高校学生线上学习能力提升的条件下,高等学校计算机基础课程实施线上线下混合式教学模式是可行的。

一、国家宏观政策的支持

教育部发布了诸多文件提到要大力发展教育信息化,并提倡支持线上线下混合式教学,在教育部官方网站的检索框输入检索词"教育信息化",结果多达上千条,检索"混合式教学",结果多达上百条。教育部《教育信息化"十三五"规划》中,指出要积极开展在线开放课程线上线下混合式教学改革。在国家政策的支持下,线上线下混合式教学作为教育教学信息化的表现和应用形式,会不断地发展和创新。

二、信息技术的进步

近年来,随着信息技术的发展日新月异,大数据技术、云服务技术、人工智能技术迅速发展。信息技术的进步,有利于创新教育教学方法与理念。依托网络平台、大数据、云服务等技术手段,教育更加智能化、个性化。计算机基础课是学习信息技术必不可少的一门课程,所以要在信息技术相关课程中积极运用新型的技术手段。在高校计算机基础课运用最新信息技术手段的过程中,学生可以养成信息技术素养,增强学习信息技术的兴趣,这也正是计算机基础课程的教学目标。

三、高等学校教师信息化教学能力的提升

信息化教学能力要求教师在教学相关要素上设计与创新,以信

息技术为支持,积极利用教育技术手段,促进教师的专业发展。如今的高等学校教师,基本都掌握了现代化教育技术手段、相关的信息技术操作技能,都能顺畅使用多媒体教学,而且勇于尝试新的教学方法。高等学校也会支持教师去参加国家级培训、省级培训,接受新的教育技术理念和手段、并组织教师在学校进行讲座培训。高等学校开设有很多与信息技术相关的学科,相关任课教师可以一起进行研究探讨,积极将新的技术手段应用在教学上,并向学校的其他学科进行推广应用。

四、高等学校学生信息素养的提高

学生作为年轻的一代,是伴随着互联网长大的,是互联网领域的原住民,他们更容易接受新鲜事物,也更适应信息技术的发展。对教师在课堂中使用信息技术手段和课堂中讲授信息技术知识,学生们都是比较感兴趣的,而且乐于运用所学到的信息技术知识去解决生活学习中遇到的问题。大部分高校在积极构架校园无线网,将教室和公共学习区域覆盖无线网络。而且随着通信技术的发展,流量套餐不断降费,学生手机的流量也是比较充足的,所以学生有良好的网络学习环境,在学习中,也习惯于去用手机网络去搜索问题的答案,将搜索到的结果作为重要的、可信度高的信息进行参考,并积极获取相关的知识。

第五章

混合式教学下的多媒体课件和微课的设计与开发

第一节　多媒体课件的设计

开展混合式教学,对数字化教学资源有着迫切需求,没有一定数量和质量的数字化教学资源是很难有效开展混合式教学的。这些资源在本质上属于不同类型的媒介,涵盖了图、文、声、像以及多种媒体的集成五大类型。本章重点介绍设计多媒体课件时需要依据的基本原则,以及开展多媒体课件教学设计的基本内容。

一、多媒体认知学习理论

多媒体学习认知理论是由美国当代教育心理学家、认知心理学家理查德·E.迈耶(Richard E. Mayer)在《多媒体学习》一书中提出的,并通过大量的心理实验证明该理论的正确性和科学性。迈耶认为,按照人的心理工作方式设计的多媒体信息比没有按照人的心理工作方式设计的多媒体信息更能够产生有意义的学习。基于此认识,迈耶研究了多媒体学习的认知规律,依据双通道假设、容量有限假设、主动加工假设心理学原理提出了多媒体学习的五个步骤。经过十多年的研究,他陆续提出一些多媒体教学信息设计原则。为了方便记忆,我们把这套多媒体认知学习理论归纳为"一个模型,三条假设,五个步骤,一批原则"。

(一)多媒体认知规律假设

迈耶把多媒体定义为用语词和画面共同呈现的材料。语词指打印文本或讲话等言语形式,画面指用图像形式呈现的材料,如静态图形或动态画面。因此,多媒体学习可以被精确地理解成为双编码或者双通道学习。

多媒体学习的认知理论假定:人类的信息加工系统包括视觉/图像加工和听觉/言语加工双通道;每个通道的加工能力都是有限的。认知负荷有内部来源和外部来源,内部认知负荷依赖材料的内在难度——有多少组成成分及它们之间是如何相互影响的,外部认知负荷依赖教学信息的设计方式——材料组织的方式和呈现方式。主动加工假设是人们为了对其经验建立一致的心理表征而主动参与认知加工,主动认知加工过程包括形成注意(选择)、组织新进入的信息和将新进入的信息与其他知识进行整合。

为了能在多媒体环境下产生有意义的学习,学习者必须实现五个认知加工步骤:①选择相关的语词在言语工作记忆中加工;②选择相关的画面在视觉工作记忆中加工;③将所选择的语词组织到一个言语心理模型中;④将所选择的图像组织到一个视觉心理模型中;⑤将言语和视觉表征与先前知识整合。多媒体学习五个步骤中的每一步在整个多媒体呈现期间可能发生多次,这些步骤在一个又一个的片段中进行应用。简言之,多媒体学习发生在学习者信息加工系统内,这是一个包含独立的视觉和言语加工通道的系统,在每一个通道的容量都有限制,主动学习发生时需要每个通道中有协调的认知加工。

(二)多媒体认知实验研究

基于实验来解决多媒体设计的五个问题:多媒体起作用吗?多媒体何时起作用?多媒体对谁起作用?多媒体如何起作用?什么构成有效的多媒体呈现?迈耶和他的研究团队历时十多年开展了大量

的实验研究,实践证明,研究结果和多媒体认知理论预测非常一致。

研究证实:使用语词和画面共同呈现多媒体解释比只使用语词时学习效果更好。研究也确定了一些能产生有效的多媒体呈现的条件,比如:①空间接近性——当对应的语词和画面在书页或屏幕上接近呈现而不是隔开呈现时;②时间接近性——当对应的语词和画面在时间上同时呈现而不是相继呈现时;③一致性——当无关的语词、声音和画面减到最少时;④通道性——当语词在多媒体呈现中以言语形式而不是文本形式呈现时;⑤冗余性——当语词在多媒体呈现中以言语形式而不是言语加文本的形式呈现时。

(三)多媒体教学信息设计原则

多媒体教学是一个极其费神的过程,它需要选择相关的语词和画面,把它们组织到一致的言语和图像表征中,并整合言语和图像两种表征。那么,有必要开展多媒体信息的设计,以便为多媒体学习的加工提供便利。下面归纳整理出理查德·E.迈耶和他的研究团队研究和整理的 16 条多媒体教学信息设计原则,为开展多媒体教学信息设计提供指导。

1. 多媒体认知原则

学习者学习语词和画面组成的呈现比学习只有语词的呈现效果更好。

2. 空间接近原则

页面或屏幕上对应的语词与画面邻近呈现比隔开呈现时能使学习者学习效果更好。

3. 时间接近原则

相对应的语句和画面同时呈现比相继呈现能使学习者学习效果更好。

4. 一致性原则

当无关的语词、画面和声音被排除而不是被包括时,学习者学习效果更好。

5.通道原则

由动画和解说组成的呈现比由动画加屏幕文本组成的呈现能使学习者学习效果更好。

6.冗余原则

由动画和解说组成的呈现比由动画加解说加屏幕文本组成的呈现能使学习者学习效果更好。

7.个体差异原则

设计效应对知识水平低的学习者要强于对知识水平高的学习者,对空间能力高的学习者要强于对空间能力低的学习者。

8.标记性原则

学习者通过标记过的多媒体材料进行学习,其效果好于使用未标记的材料。

9.静态媒体原则

学习者通过"静态图片＋文字"形式的学习材料进行学习,效果好于通过"动画＋语言解说"形式的学习材料。

10.交互性原则

当学习者能够控制多媒体材料的呈现进度时,其学习效果较好。

11.分割原则

多媒体教学信息按照学习者学习步调分段呈现,学习者的学习效果更好。

12.预训练原则

学习者在学习之前就掌握和了解了学习内容的主要概念的名称和特性之后,多媒体教学的效果更好。

13.强调原则

对重要内容的组织给予突出强调会提升学习效果。

除此之外,研究还获得了三条交往特色原则,社会线索会导致学习者的社会性行为使其在学习过程中进行更深层次的认知加工,从而在测验中有更好的表现,主要包含对话风格原则、标准发音原则、形象出镜原则。

(1)对话风格原则:学习者通过交谈风格的多媒体材料进行学习,效果好于通过解释性风格的多媒体材料的学习。

(2)标准发音原则:多媒体信息中的言语使用标准语比使用机器和外语的效果更好。

(3)形象出镜原则:多媒体形式呈现信息时,讲解者的图像呈现并不一定优于没有图像呈现时的学习效果。

二、多媒体课件的概念与分类

(一)什么是多媒体课件

下面通过对多媒体课件内涵和外延的描述,来介绍什么是多媒体课件。

1.什么是课件

首先来看一看什么是课件。课件的五个特点:①以辅助教与学为目的;②基于一定的教与学的理论来设计与制作;③整合了一定教学内容和教学目标;④基于计算机技术开发;⑤以软件的形式存在。

这些特点陈述了课件设计与制作的目的、理论依据、所承载的教学信息、采用的技术以及最终的表现形式等。

其实,课件是为了促进学习,运用现代信息技术手段设计开发的课程构件。下面从目的与形态两个方面对课件进行解读。首先,制作课件的根本目的是促进学习,通过课件的运用,学生的学习效率和效果都需要有所提高;对于教师而言是解决教学的难点,优化教学过程。其次,课件由两部分组成,它们相辅相成、缺一不可。第一部分是教学内容,主要通过现代信息技术手段与教学内容有效整合而实现;第二部分是现代信息技术与教学内容的交互,是体现教与学的过程。仅有第一部分只能叫作教学信息,仅有第二部分只能叫作技术产品,同时具有两部分才可被称为课件。这两部分分别代表"课业"和"教学进程","课业＋教学进程"等于什么呢？正是广义的"课程"。此外,课件还有课程构件的含义,它是课程的组成部分而非整个课程,它可以作为课程进程的一个环节,也可以作为构成课程结构的部分。

2.多媒体课件的概念

多媒体课件是为了促进学习,借助多种媒介形式,运用现代信息技术手段设计开发的课程构件。多媒体课件是课件的一个子集,把单一媒介形式的课件排除在外了。

下面是对于多媒体课件认识上的误区。

(1)多媒体课件的外延无限扩大。多媒体课件是课程的构件,对其系统性要求不高,能支持学习者学习过程中的关键环节即可。因此,多媒体课件不会过于庞大,比如,一门完整的网络课程不宜作为多媒体课件,因为网络课程对于教育教学问题的解决过于宏观,其解决问题的层次也不是多媒体课件能涵盖的。过分地拓展多媒体课件的外延,对于多媒体课件内涵认识的深化没有太大的益处;相反,更容易造成困惑,因此多媒体课件的外延不能无限扩大。

(2)多媒体课件不是教学资源的主体。多媒体课件可以解决学习者学习中某个环节的学习困难,但多媒体课件并不需要出现在整个教学过程中。不应把课程的演示文稿视为多媒体课件,这种所谓的多媒体课件可能只是书本或教材的多媒体化呈现,是"旧瓶装新酒",效果可能"事倍功半"或者"劳而无功"。其实多媒体课件只有在需要的时候才应该出现,不需要的时候则完全可以继续采用传统教学手段开展教学。

可见,多媒体课件不是教学资源的主体,不宜贪大求全,在一个课件中加入过多功能。另外,教学活动也不宜过分依靠多媒体课件。

（二）多媒体课件的分类

在刘美凤老师主编的《多媒体课件教学设计》一书中，从四个角度对多媒体课件进行了分类。根据多媒体课件是否能在网络上运行与传播分为单机版多媒体课件和网络版多媒体课件；根据多媒体课件的主要使用人群和对象分为助学型多媒体课件、助教型多媒体课件和教学结合型多媒体课件；根据多媒体课件在教学中的作用以及制作特点分为课堂演示型多媒体课件、自主学习型多媒体课件、训练与复习型多媒体课件、模拟实验型多媒体课件、教学游戏型多媒体课件、质量工具型多媒体课件等；根据包含的教学信息量分为课程层次的多媒体课件、单元或模块层次的多媒体课件以及知识点层次的多媒体课件。多媒体课件是一种动态的信息化教学资源，因此按照其对信息技术环境的要求可以分为单机类多媒体课件、网络类多媒体课件与移动类多媒体课件。

穷举式的分类，有助于建立起对多媒体课件的感性认识。虽然上面有五种分类，但我们还是很难把握多媒体课件的本质特征，对于设计和开发多媒体课件也缺少直接的指导意义。

从多媒体课件在教和学中的功能来考察，其功能实质是支持学习者学习的认知工具或信息加工工具可以将多媒体课件分为信息呈现类、信息组织与加工类、信息提取与应用类，这三种类型则分别对应演示型多媒体课件、知识表征型多媒体课件以及训练或复习型多媒体课件。这种分类方法简单明了，而且突出了多媒体课件的不同功用，对于指导设计和开发多媒体课件更具有指导意义。

对于演示型的多媒体课件，主要的作用就是高效地呈现教学信息。这种多媒体课件是最常见也是技术含量最低的一种，其综合利用图、文、声、像等媒体形式，降低了学习过程中的认知负荷，引导学习者形成新旧知识之间的联系，有效促进学习者对教学内容的理解和掌握。这一类多媒体课件可能涉及如下几个教学功能：创设教学情境、直观化教学内容、突破重点难点、集中学习者注意力、节省板书时间、提供正确示范、增加学习趣味等。

对于知识表征型多媒体课件，主要的作用是促进学习者认知结构的改变。研究表明，人们在学习的过程中，会主动参与认知加工。主动认知加工能产生一致的心理表征结构，所以主动学习可以被视为模型构建的过程。过程结构可以表征为流程图，由一些解释系统工作的原理组成；比较结构可表征为矩阵，由两个或更多的成分在若干维度的比较组成；概括结构可以表征为分支树，包括一个主要观点和许多支持该观点的附属性细节；列举结构可以表征为列表，是各种项目的集合；分类结构可以表征为各种等级，由一个集合和众子集组成，如表 5-1 所示。基于这样的心理学原理，我们在设计多媒体课件的时候就有意识地将知识采用上述的结构进行处理和表征，综合应用过程、比较、概括、列举和分类这些结构类型。这种课件也具有知识呈现的特点，但是呈现的目标已经不单单是信息的简单转变，而是涉及认知结构的转换层面。

表 5-1　心理结构的类型

结构类型	描述	表征	举例
过程	对因果链进行解释	流程图	解释人的耳朵是如何工作的
比较	从若干方面比较和对比两种或多种成分	矩阵	两个相互竞争的学习理论如何看待学习者的作用、教师的作用
概括	对一个主要观点和其支持性细节的描述	分支树	根据事实解释美国内战主要原因的论题
列举	呈现含有各个项目的列表	列表	列举出各种多媒体学习原则的名称
分类	将一个领域分成集合和子集进行分析	等级	海洋动物的生物分类体系

对于信息提取与应用类的多媒体课件,其特点是强化或突出了学习者和多媒体课件之间的交互性。前面两种多媒体课件也存在一定的交互性,但主要是控制信息的呈现顺序或结构和流程的顺序。在信息提取与应用类的多媒体课件中,交互作用主要体现在学习反馈上。可以通过模拟实验、教育游戏、人机界面的测试等表现形式设计和开发课件。这类课件要实现的教学目标较高,已经突破了知识理解的层面,要求满足对所学知识的简单应用甚至高级应用。具体的功能会涉及利用测试和反馈对学习者进行强化训练,实现知识巩固、模拟事物的结构和动态、调节事物变化的速度、适应学习情境的复杂度和逼真度、获得更多的操作体验、通过游戏化设计激发学习动机、增加教学的趣味性、提供各种体验,等等。

如前所述,多媒体课件的功能是促进学习者认知过程或者信息加工过程。在设计和开发多媒体课件时要充分依据学习规律,在使用多媒体课件时还要依托一定的教学活动或者策略。这种以功能为视角对多媒体课件进行的分类研究,有利于我们把握多媒体课件的本质属性,对设计和开发多媒体课件也更加具有指导价值,既可以明确什么时间使用,还可以明确怎样去使用,以及为了实现什么目标去使用,等等。

三、多媒体课件设计的美学基础

(一)美图与美文

"高山流水"的故事留给我们的不只是知音难觅,它还说明了音乐也可以是一种广义的语言。多媒体课件采用图、文、声、像四种媒介形式传递教学信息。如果将其中的图、像合二为一,则多媒体课件实际采用了"图""文""声"三种类型的媒体语言。前两者属于视觉语言,声音属于听觉语言。尽管不同类型的"语言"各具艺术特色,但都必须建立在语法规则之上。用这些语言"写"多媒体教材时,一是要如实反映教学内容,二是要尽可能地给学习者以美的感受。

此外,由于多媒体课件是基于电脑来开发制作的,因此交互功能是它有别于电影和电视教材的重要特色。如果说丰富的媒体语言为呈现各学科教学内容提供了广阔用武之地,那么根据教学过程的需求,恰如其分地用好交互功能,则可以更加充分地显示多媒体课件的优越性。

多媒体课件界面是用户与课件进行信息交流的通道。多媒体课件界面设计的主要目的是充分利用计算机屏幕的显示空间,合理安排各种媒体素材,从而表现教学内容。界面设计属于视觉艺术,主要包括色彩运用和布局设计两个方面,能体现多媒体课件的艺术性。

本部分重点介绍图和文两类视觉语言的美学原理和设计原则。

1. 色彩与构图

(1)界面色彩的运用。色彩运用是体现课件设计或者制作人员的艺术功力之处,拥有一定的美术基础将会有利于课件设计中的色彩应用。首先要确定课件的主色调,然后考虑和其他色彩的搭配,以形成一种整体的色彩风格。确定主色调时,重点考虑该色调的感情基调。色彩搭配时要考虑色彩的对比和调和,前者是色彩的冲突和反差,后者是色彩的协调和统一,最终达到和谐美观。色彩对比表现为色相对比、纯度对比和明度对比。色彩调和的手段主要有类似调和、对比调和和整体调和。

(2)界面布局设计。在多媒体素材确定和设计好后,需要将这些媒体素材合理安排,这就是界面布局。界面布局的核心是协调、美观,布局设计应注意以下三点:

其一,主体突出,简洁明了。设计时可以参考如下建议:①呈现内容的窗口一定要最大化;②演示区放在屏幕的醒目位置,必要时可以扩大为全屏;③背景与主体区分度越大,对比越明显,主体越突出;④画面留有空白,只保留必要信息,力求用最小的数据显示最多的信息,去除累赘的文字和图片;⑤信息密度适中;⑥表达形式直接简单。

其二,画面均衡,变化连贯。画面均衡指量感上的均衡。量感是一个心理量,受主客观因素的影响。影响画面量感的因素包括数量、面积、位置、形态、方向、色彩、明亮、心理等方面。对于运动画面,变化可以理解为画面内容随时间的改变;对于静止画面,变化则应理解为避免构图或画面布局过于单调、死板。可以利用各种影响量感的因素呈现变化,而且在整个画面上需要有连贯性。

其三,风格一致,形成整体。图文界面设计的一致性包括版式一致性、色彩一致性及导航的一致性。版式的一致性要求文字的字号、字体、字距行距、对齐方式以及图片图形的面积、数量、风格、寓意等;色彩的一致性要求色系的选择,主色调的选择,界面、菜单和标志等颜色的设计;导航的一致性要求文字、符号、菜单、按钮等视觉元素位置大小和排列组合,要进行规划,相应的链接方式要符合用户的操作习惯,前后要保持一致。

2.图和文信息设计原则

(1)图形和图像设计原则。静止图形图像有呈现事物形象、解释过程与关系、组织信息、进行类比对比例证、作为引起注意的线索以及用于装饰的功能。在课件中使用静止的图形图像应注意以下两点:一是图像使用合理,尽量简洁,保持与呈现目的有关的视觉元素,避免使用复杂图形增加认知负荷;二是图像要力求清晰、可辨认。

(2)视频和动画设计原则。视频与动画有相同之处,具体表现在信息量大,适合展示事物发展的进程,可以直观、动态地展示教学内容,增加教学的趣味性,吸引学习者的注意力。视频与动画也有不同之处,动画的优势在于加工创作不受实物的局限,而视频是对现实世界的真实记录与再现。

其一,视频设计原则。①视频要用在重要的教学信息上,否则由于视频的吸引力,会分散学习者对学习信息的注意;②视频的制作费用高,周期长,而且需要一定水平的拍摄团队保证其质量,应充分考虑各种条件,使用拍摄质量差的视频,反而影响教学效果;③采用已有的视频需要进行编辑,选择最有用的部分;④有的视频需要增加指示说明;⑤视频播放要由学习者控制,较长的视频要分段播放,并有进度提示;⑥如果不是必要,可以不用视频,因为播放视频需要的设备和时间要求相对较高。

其二,动画设计原则。①要让学习者能控制动画的播放、暂停、重放等,甚至可以控制呈现的速度;②动画的速度要适中;③可以配同步的音频说明,如果图像完全可以满足教学要求,则不必配音频,否则容易造成冗余。

(3)文字设计原则。屏幕文本呈现与纸质教材文本呈现不同。首先是表达方式上的变化:纸质教材中的文本力求严谨,而屏幕文本采用"画面表达方式"力求精简。其次是呈现方式的变化:纸质教材中的文本静态呈现,且较为单一,而屏幕文本可以与多种媒体配合呈现,并可以以运动形式表现。最后是呈现介质的变化:屏幕文本应简略表达,避免书本搬家,提高文本的识别率和降低视觉疲劳。

屏幕文本的呈现应遵循易读性原则、适配性原则和艺术性原则。屏幕文本的布局方面应该考虑如下因素:有醒目的标题文本;合适的行间距;文字的布局要在均衡的基础上产生适当变化,包括字体、字号、颜色、粗体、斜体等,变化不宜过多、过杂;精简文本内容,并最好组块化呈现;尝试把长文本转换为有结构的文本,如框架图、流程图等;字体以非艺术字体为主,字号要适合屏幕阅读,合理运用字体的变化,不宜过多、过杂。

(二)声音的艺术规律与设计

声音是人类自我表达的一种手段,用声音去表现艺术,不是只有音乐家才能完成。从某种意义上来说,声音艺术是接触艺术最直接的方式之一,它不需要你有任何艺术史的知识,不需要专业的解说——闭上眼睛,聆听和感受,或许你就能体会它。

声音是多媒体课件的重要组成部分。在教学中利用音频可以传递教学信息,具有突出主题、渲染气氛、模拟再现的功能。标准的解说、动听的音乐能增加课件的趣味性,有利于学习者集中注意力,加深其对所学知识的印象和理解等。总的来说,声音在多媒体课件中的作用主要通过三种方式实现:解说词表"意",音响声表"真",背景音乐表"情"。

解说一般有三种形式,分别是配合文本的解说,配合图形、图像的解说和配合实际操作的解说。解说词的呈现取决于解说词的编写、与画面配合的设计以及配音人员素质三个因素。因此在设计、安排解说词时需要考虑内容和形式两个方面。内容方面,要从教学需要出发,根据教学内容的要求和各种媒体的配合情况安排有无解说、解说多少。与文本配合时,要根据教学内容的要求,可以全文照念、字多念少或者字少念多;与图形、图像配合时,要充分发挥其表意准确的优势,起到画龙点睛的作用。形式方面,安排背景音乐配合解说时,如果遵循了突出主体的艺术规则,则可以达到渲染气氛、延伸意境的效果。

在选择背景音乐时不要根据自己的喜好随意选择一段曲子用于多媒体课件的设计。在设计音乐时可以从以下两个方面考虑:①片头。此时的背景音乐应选择适合于该教材内容的主题音乐,由于此时首次面向学习者,为了吸引注意力,选择的音乐最好有力度和新鲜感。②片尾。片尾主要用来介绍制作人员和制作单位,以滚动或换屏的方式,一般能预估其播放时间,可选与播放时间相等的音乐,节奏最好与画面变动速度同步。此外,音乐应该具有一致性与协调性,片头、片尾音乐、系统背景音乐、按钮动作音乐等最好都要保持在相同的情境中。

多媒体课件中的音响与影视中的音响是不同的,影视中的音响是现实中存在的,而课件中的音响是为了增强效果而创造出来的。在设计时以不影响或分散学习者的注意力为前提。

在设计音频素材时还有一些注意事项:比如多媒体课件应该提供高质量的音频,声音信息要简洁明了,音频要慎重使用,必须提供控制功能及及时退出等功能。

(三)交互的艺术规律与设计

1.交互的艺术规律

在多媒体课件中,用来实现交互的工具主要包括文本、按钮、菜单、对话框、热区交互、表单、滚动条、调节杆、选项卡和工具箱等。可以通过单击、移动、条件、限时、限次等来激活上述交互工具。

从技术的层面考察交互的功能,主要体现在多媒体画面组接技术上,由于交互的引入,突破了线性组接的方式,实现了非线性的组接方式。从多媒体画面设计艺术视角考察,交互功能的引入使得有限的屏幕画面空间得到了最大限度的利用。从教学考察交互的功能,交互功能的引入有利于给学习者参与教学活动提供条件,而学习者与多媒体课件的交互极大地丰富了学习体验。

多媒体课件的交互主要有三种类型,分别是导航、互动教学、测试训练。交互设计应遵循一些基本原则,如友好易用、灵活恰当、及时响应以及安全可靠等。

2.交互的设计

交互设计主要包括四个步骤:用户特征分析,确定交互需求;根据课件设计结果,分析交互任务;建立交互界面模型,设计交互任务;选择交互形式,确定交互的功能结构。

导航的基本形式主要有三种:分别为线性导航、分支导航和网状导航。其中,分支导航可以再分为导航页导航、导航条导航、弹出菜单导航以及导航树四种。除上述三种导航的基本形式外还有一些辅助导航措施,如检索导航、帮助导航等,它们一般不会单独出现,而是作为线性、分支、网状结构化导航的有利补充,对课件的组织结构起到画龙点睛的作用。

导航的设计也需遵循一系列步骤,主要为总体规划、划分内容和结构、建立节点和链接以及确定导航形式四个步骤。导航设计的基本原则有:组织结构合理、标志简明一致、操作灵活易用、咨询服务定位。

多媒体课件中用于支持互动教学的设计,是体现其教学功能的渠道之一。在多媒体交互设计原则的指导下,一方面可以提供多种学习途径,促进对所学知识的认知,从而更加全面深刻地理解知识。另一方面可以通过设计人机互动接口,逐步展现过程、原理、步骤这一类知识,有效降低学习者的认知负荷。

多媒体课件中用于支持测试训练的互动教学设计,也是体现其教学功能的渠道之一。在多媒体交互设计原则的指导下,一方面通过设计人机互动接口,给学习者运用所学知识提供渠道,特别在一些危险性高、缺乏实验条件的情况下更能体现其功能价值。另一方面可以运用程序教学的原理开展测试的设计。

除此以外,有的自主学习型的多媒体课件还需要设计帮助功能。从帮助应用的目的来看,主要分为提示性帮助和系统帮助两类。提示性帮助是学习者在操作课件的过程中,课件提供给学习者的帮助,通常出现在学习者可能感到迷惑的地方。系统帮助是课件向学习者提供的全面课件使用信息,是对课件使用的详细说明,类似于产品说明书。帮助的类型主要有:用户手册、检索型帮助、常见问题、演示视频、情境帮助、智能答疑和个性化帮助等。

四、教学设计与多媒体课件教学设计的关系

(一)教学设计的层次

教学设计是一个问题解决的过程,根据教学中问题范围、大小的不同,教学设计也相应地具有不同的层次。教学设计发展到现在,一般可归纳为三个层次。

1. 以"产品"为中心的层次

教学设计的最初发展是从以"产品"为中心的层次开始的。它把教学中需要使用的媒体、材料、教学包等当作产品来进行设计。教学

产品的类型、内容和教学功能常常由教学设计人员和教师、学科专家共同确定。有时还吸收媒体专家和媒体技术人员参加，对产品进行设计、开发和测试、评价。

2. 以"课堂"为中心的层次

这个层次的设计范围是课堂教学，它是在规定的教学大纲和计划下，针对一个班级的学生，在固定的教学设施和教学资源条件下进行教学设计。其设计工作的重点是充分利用已有的设施和选择或编辑现有的教学材料来完成目标，而不是开发新的教学材料（产品）。如果教师掌握教学设计的有关知识与技能，整个课堂层次的教学设计完全可由教师自己来承担完成。当然，需要时也可由教学设计人员辅助进行。

3. 以"系统"为中心的层次

按照系统观点，上面两个层次的课堂教学和教学产品都可以看作教学系统，但这里所指的系统是特指比较大、比较综合和复杂的教学系统。例如，个别化学习系统、一个学校或一门新专业的课程设置或一门课程的大纲和实施计划等。这一层次的设计通常包括系统目的，目标的确定，实现目标的方案的建立、试行、评价、修改等，涉及内容面广，设计难度较大。而且系统设计一旦完成就要投入范围很大的特定场合使用和推广。因此这一层次的设计需要由教学设计人员、学科专家、教师行政管理人员，甚至包含有关学生组成的设计小组来共同完成。

（二）多媒体课件教学设计

教学是需要设计的，多媒体课件作为教学中的资源配置要素同样需要精心设计。多媒体课件教学设计得好，既可以保证多媒体课件的质量，也有助于提升教学效率或效果。多媒体课件教学设计属于产品层次的教学设计，是指利用教学设计的基本理论对多媒体课件层次的系统进行设计的过程。教学产品设计一般根据教学设计所确定的产品目标,需要经过分析、设计、原型开发、原型试行、评价和修改等设计步骤,最终形成教材、课件、网络课程等原型产品。

对多媒体课件开展教学设计,可以有效提升多媒体课件设计与开发的科学化。基于明确的目标,依据多媒体认知学习的科学原理,经过系统化的分析、设计、原型开发、试行和评估等环节设计出来的多媒体课件,相比单纯凭借个人经验开发出来的课件一定更加严谨和科学。

数字化教学资源开发的能力是当前教师专业发展过程中的重要组成部分,在今天,教师已经很难单纯依靠传统的教学手段开展教学了。学习多媒体课件教学设计的知识,对发展教师的专业知识,提升教师的职业技能是大有裨益的。

(三)教学设计与多媒体课件教学设计

多媒体课件教学设计属于产品层次的教学设计,是教学设计技术和原理在多媒体课件这个层面上的具体应用。也可以认为多媒体课件教学设计是教学设计的一个子集,它完全继承了教学设计的本质属性。多媒体课件的教学设计一样需要经过前段分析来确定起点状态和终点目标,一样需要选择媒体信息呈现策略、知识表征策略及交互策略来实现目标,一样需要开展阶段性的修正。

我们知道在教学设计的过程中,有的设计是针对学习者的自主学习开展的,有的设计是针对教师主导的教学开展的。在多媒体课件教学设计中同样有这样的区分。而且同样只是体现在自主学习策略和教学策略的选择和安排方面。

当然,正是因为多媒体课件在本质上属于产品层面上的教学设计,所以我们主张限制多媒体课件概念的外延,不将课堂层面以及系统层面的教育技术产品都划归为多媒体课件。无论是课堂或者单元层面的教学设计,还是课程层面的教学设计,最典型的特征就是其系统性。可以归纳为系统化教学设计的范畴,设计的对象既包括资源,还包括过程服务,而且设计的侧重点在于过程服务上。由于这样的教学设计比较强调信息技术的支持,我们还经常将其称为"信息化教学设计"。

经过上述的分析,基本上阐明了我们对教学设计(系统化教学设计)、信息化教学设计、多媒体课件教学设计这三个概念的区别以及逻辑关系。

五、多媒体课件的前端分析与设计

(一)多媒体课件前端分析

多媒体课件的教学设计需要经过分析、设计、原型开发、原型测试、评价和修改等步骤。其中,分析和设计两个阶段处于前端,本质都是在为多媒体课件的开发做好准备工作。具体涉及多媒体课件教学功能目标的分析、教学内容分析、学习者特征分析、多媒体课件的教学策略设计、多媒体课件的媒体设计以及多媒体课件的评价设计。

本部分重点介绍多媒体课件的分析阶段。在这个阶段,主要需要对多媒体课件的教学功能开展分析。前面介绍过,多媒体课件是教学资源的一种,因为信息技术的介入,让这种资源区别于传统的教学资源,除了可以采用多媒体形式承载一定的教学内容之外,还可以规划和设计一些教学互动,从而增强学习体验,促进深度学习的发生。

前面我们在介绍多媒体概念的时候也曾提到过,多媒体课件是为了突破传统教学中的重点和难点问题而设计和开发的,在使用的过程中往往处于附属地位,偶尔出现在一些关键教学环节。一般情况下不能让多媒体课件主导教学,即便是自主学习型的多媒体课件也需要给予学习者预留充分的控制权限。

这就给我们开展多媒体课件设计和开发之前的分析阶段赋予了新的使命。也和传统教学设计中的教学目标分析、教学内容分析、学习者特征分析等活动有所不同。因为多媒体课件的设计和开发是配合整个一堂课或者一个单元的系统化教学设计而开展的,是配合其他教学活动和教学资源来实现课堂或者单元教学目标的。所以,多媒体课件中的目标分析不是教学目标的分析,而是多媒体课件教学功能的分析,即需要确定在某一个多媒体课件中需要实现哪些教学功能。这些功能主要涉及多媒体课件的信息呈现、信息组织与加工、信息提取与应用。多媒体课件中的教学内容分析已经不只是教学内容的选择和安排问题,而是在现有的课程教学内容中进一步开展选择和安排的问题。学习者特征分析的主要任务也不是学习者的一般特征和初始能力分析,而是学习者多媒体认知水平和认知风格的分析。

1. 多媒体课件教学功能分析

在刘美凤主编的《多媒体课件教学设计》一书中,作者尝试从功能角度把多媒体课件分为课堂演示型、自主学习型、训练复习型、模拟实验型、教学游戏型、资源工具型六种类型。并且对每一种类型多媒体课件的教学功能进行了讨论,对我们开展教学功能分析非常适用,各类多媒体课件的教学功能整理如下:

(1)课堂演示型多媒体课件的教学功能有创设教学情境、直观化教学内容、突破重点难点、集中学习者注意力、节省板书时间、提供正确示范和增加学习趣味。

(2)自主学习型多媒体课件的教学功能有对学习者形成一对一的指导,进行差异教学、实现学习者非线性学习的过程以及及时反馈。

(3)训练复习型多媒体课件的教学功能有利用测试和反馈对学习者进行强化训练、知识巩固和促进学习。

(4)模拟实验型多媒体课件的教学功能有模拟事物的结构和动态、调节事物变化的速度、学习情境的复杂度和逼真度以适应教学需要,使学习者参与控制实验获得更多的操作体验。

(5)教学游戏型多媒体课件的教学功能有利用强烈的竞争和挑战,激发学习动机,增加教学的趣味性,提供各种体验。

(6)资源工具型多媒体课件的教学功能有拓展学习资源和资源共享。

2.多媒体课件的学习者特征分析

学习者的特征是多方面的,和多媒体课件设计直接相关的是学习者多媒体认知水平和认知风格的分析。根据理查德·E.迈耶的研究,多媒体信息设计效果对知识水平低的学习者要强于对知识水平高的学习者,对空间能力高的学习者要好于空间能力低的学习者。这条原则为我们开展学习者的多媒体认知风格的分析提供了一定的帮助。

3.多媒体课件教学内容分析

对于多媒体课件教学内容的分析,主要涉及依据多媒体课件的功能型教学目标选择与组织教学内容。

实现演示教学信息的功能,需要在所有的教学内容中,选择需要多媒体课件向学习者演示的教学内容,并分析内容的呈现方式。

实现创设教学情境的功能,需要考虑教学内容的媒体表达,之后分析这些媒体要素呈现的内容,吸引学习者进入学习。

实现直观化教学内容的功能,需要考虑重点教学内容的媒体表达,分析内容需要达到的直观程度,之后分析具体的媒体呈现方式。

实现突出重点难点的功能,需要在选择教学内容后,分析重点难点,主要考虑教学内容的组织结构,重点难点占据的篇幅要大,要尽可能多地使用多种媒体呈现形式,以促进学习者的理解。

实现集中学生的注意力的功能,要尽可能使用丰富的媒体呈现形式,图文并茂、动静结合,以吸引学习者的注意力。

实现节省板书时间的功能,要分析需要教师板书的内容,如关键术语、图形展示、运算过程等,主要用文本或者图像呈现。

实现提供正确示范的功能,要分析向学习者示范的教学内容,主要是动作性的内容。

实现增加学习趣味的功能,需要根据不同年龄的学习者选择不同的方式增加兴趣,对于中小学生,可以通过直观化教学内容的方式增加趣味性。

实现提供教学指导的功能,要通过各种方式给予学习者启发,包括演示信息、直观化教学内容、提问等,重点是将这些内容进行合理的组织。

实现及时反馈的功能,需要和其他功能结合,要分析在哪里进行,以及反馈的形式,之后才能确定反馈的内容。

实现提供测试的功能,要考虑针对哪些内容进行测试,一般是重点或者难点,尤其是认知领域的分析、综合、评价层次的目标,之后分析测试的类型或者题目。

实现学习者操作与控制的功能,重点针对认知领域的分析、综合、评价层次的目标,或者是实验操作、动作技能操作的内容,需要学习者参与其中;之后分析操作与控制的方式。

实现提供竞争情境的功能,主要是通过教学游戏提供竞争情境,分析哪些内容可以通过游戏呈现,以及游戏的内容和形式。

实现提供体验环境的功能,需要分析哪些内容需要提供类似真实的环境,确定课件提供环境的内容,尤其是分析其媒体表达形式。

实现支持个别化教学的功能,需要针对不同初始能力的学习者,提供不同的教学内容。

实现拓展学习资源的功能,需要选择与主题教学内容密切相关的资源,但是在组织时一定要清晰,避免使学习者迷航。

实现资源共享的功能,可以提供一些与主题教学内容相关的资源,并设计好资源共享机制和渠道。

(二)多媒体课件设计

多媒体课件教学设计主要包括多媒体课件教学功能目标的确定、多媒体课件的教学策略设计、多媒体课件的媒体设计以及多媒体课件的评价设计等。

1.多媒体教学功能目标的确定

阐明多媒体课件功能性教学目标有利于多媒体课件设计与开发的规范化,有利于教师有效利用多媒体课件,有利于学习者明确学习方向,还可以为评价多媒体课件提供依据。

在陈述目标时,应该考虑涵盖下面这些要素:多媒体课件名称、多媒体课件功能或表现形式、多媒体课件使用对象、学习者、学习结果、学习内容。其中,课件功能或表现形式、课件使用对象、描述学习结果、学习内容是必选项。

在多媒体课件功能性教学目标编写时我们还应注意如下问题:

(1)应该最终反映的是学习者的学习结果,不能用教学活动的过程或手段来描述。

(2)表述力求把学习者学习内部状态和外部行为变化以及内心的体验结合起来,要求明确、具体,可以观察和测量,避免含糊的、不切实际的语词。

(3)要反映出学习结果的层次性和学习结果的全面性。

(4)教学目标是否要在多媒体课件中呈现,是否让学习者看到,要具体问题具体对待。

2.多媒体课件的教学策略设计

多媒体课件的教学策略设计,直接的目标是促进多媒体教学功能的实现,间接目标才是实现课堂或者单元层面的教学目标。这也是多媒体课件教学策略设计和课堂教学策略设计的根本区别。

主要目的是实现教学信息呈现的多媒体课件,主要考虑进行促进学习者选择性注意的设计;主要目的是实现促进学习者组织与加工信息的多媒体课件,主要考虑根据人们固有的认知图式结构化的组织教学信息;主要目的是促进学习者对信息的提取与应用的多媒体课件,主要提供准、及时、个性化的教学反馈,或者形成丰富的认知体验。

上述是在宏观层面对多媒体课件教学策略设计进行的分析,在实际工作中,多媒体教学策略都是通过规划设计在课件之中的多种教学活动体现出来的。下面我们选择九种教学活动为多媒体课件教学策略设计提供一些具体的建议。

(1)程序型教学。①设定程序:步骤尽可能少,需要考虑学习者已有的知识结构和完成任务的难度。②设计测试题目:每步结束以后,设计一个或多个测试题,来检验学习者是否掌握。③设计补偿项:如果学习者没有掌握,可以返回上一步进行巩固学习,还可以设计一个补偿内容促进这一内容的掌握。④评价总结:按照学习者的反映做出总结性评价。

(2)演示型教学。这类活动的教学设计要点如下:①按照教学目标和教学内容,确定演示对象以及演示的教学内容,知识讲解、认识事物、动作示范等。②根据演示对象选择媒体呈现方式,选择文本、图像、图形、动画、视频、音频等。③确定演示的节奏,分析演示的时间长短、演示次数,分段演示还是整体演示等。

(3)情境陶冶型教学。这类活动的教学设计要点如下:①根据教学目标和教学内容,确定需要创设的情境,对情境有一个总体的描述。②选择创设情境的媒体表现方式,不排除利用其他教学材料或策略。③预计学习者的反应,在情境过程中,针对学习者可能有的反应设计一些活动。

(4)基于问题的学习型教学。这类活动的教学设计要点如下:①设计问题情境:根据学校内容设计与真实情境接近的问题,贴近学习者的生活经验。②建立网络协作机制:教师需要引导学习者进行网络交互,这里需要规定小组成员名单、交流方式、解决问题的时间,介绍解决问题的资源和条件。③提供学习资源:可以是资源本身,也可以是一些链接,还可以是一些提示。④预计学者的学习困难,提供学习指导:课件中可以在一些学习者容易遇到困难的地方提供一些学习指导或帮助。⑤设立成果展示区:学习者学习完成后,用以展示学习成果,共享学习结果。

(5)探究—发现型教学。这类活动的教学设计可以按照下面的模式进行。①绪言:一是给学习者指定方向;二是通过各种手段提升学习者的兴趣。②任务:练习结束时学习者对要完成的项目进行描述。③过程:教师给出学习者完成任务将要经历的步骤,指导学习者完成任务的过程。④资源:提供一个网站清单。⑤评估:由教师或计算机测评学习结果。⑥结论:给学习者提供总结经验机会,鼓励其对过程进行反思,拓展所学知识,鼓励学习者在其他领域拓展其经验。

(6)研究活动型教学。这类活动的教学设计要点如下:①发布研究课题,为学习者开展研究确立方向,并大致向学习者说明研究过程、调查对象等。②提供研究过程记录表,设计一些必填项目,如研究活动、研究方法、数据收集、简单分析等,还有一些项目由学习者自由填充。③提供研究报告模板,为学习者撰写研究报告提供示范。④总结评价区,展示不同学习者的研究成果,供学习者交流共享。

(7)游戏型教学。设计游戏类的教学活动时应注意如下要点。

游戏不是目的而是手段,设计具有教学性的游戏。

设计游戏的要素:①竞争目标:难度要合适。②两个以上的游戏参与者,其中一方可以由计算机扮演。③游戏规则:需要明确呈现,对于游戏过程中一些禁止操作或者操作无效的地方,最好有对话框提示或语音提示。④激励和惩罚:设计有效的激励和惩罚,有利于游戏顺利进行。⑤结束时间:游戏时间不宜过长,否则会让学习者有"上瘾"的倾向,不愿意进行其他教学活动。

(8)角色扮演型教学。这类活动教学设计要点如下:①设计情境:设计与真实生活接近的情境。②设立角色。③说明任务:学习者扮演这些角色要在完成任务中获得知识。④构建计算机环境:利用多媒体课件构建好角色扮演的环境,以便让学习者在课件学习中顺利地扮演角色完成任务,也就是技术实现。

(9)虚拟实验室型教学。虚拟实验室最关键的是设计实验,要明确实验目的、原理、器材的使用规范、数据的记录和解释等。这类多媒体课件制作技术要求较高,需要计算机专业的人员才能实现。

3.多媒体课件的媒体设计与教学评价设计

多媒体课件的媒体设计包括素材、界面、交互、导航和帮助五个主要方面,这些内容的设计原则在本节"三、多媒体课件设计的美学基础"中有详细的介绍。关于多媒体课件教学评价的设计同样是依托多媒体课件功能目标的实现情况开展,本节第七大点专门介绍这部分内容。

六、多媒体课件的原型开发与测试

为了科学有效地组织和管理软件的开发,从软件被提出需求到软件开发完成的全过程可以划分阶段,在软件工程上将这个过程称为软件的生命周期。通常,软件的生命周期包括三个时期八个阶段,三个时期分别是软件定义时期、软件开发时期和软件维护时期。在软件定义时期包含了问题定义、可行性研究和需求分析三个阶段,在软件开发时期包含了总体设计、详细设计、编码和单元测试以及综合测试四个阶段,在软件维护时期包含了软件维护阶段。

目前人们在软件开发方面已经积累了丰富的经验,总结和提炼出了很多软件开发过程模型。这些模型规定了完成各项任务的步骤,也包含软件生命周期的各个阶段及要达到的目标。比较常用的结构化模型主要有瀑布模型、快速原型模型、螺旋模型和增量过程模型。多媒体课件可以视为计算机软件的一种特殊形式,由于这种软件使用场合复杂,功能要求各异,不宜过分统一地进行设计和开发,这就需要给多媒体课件的开发人员提供一套相对简便的开发模型,甚至可以让使用者变身为开发者。上述四种结构化软件开发模型中的快速原型法,不带反馈环路,软件产品的开发基本上都是按照线性的顺序进行的,特别适合快速地构造出原型系统,从而加速软件的开发过程。

（一）快速原型法

下面简要介绍多媒体课件制作的快速原型法。

快速原型法简称为原型法，要求设计与开发人员在早期的设计和开发中，不断地与用户进行交流，通过用户反馈不断修改原型。利用快速原型法，可以测试设计的多媒体产品的整体框架、屏幕设计、按钮设计、颜色、字体、用户控制、整体交互、用户接口，以及多媒体包括文本、动画、音频、视频等的效果。

运用快速原型法开发多媒体课件时，需求分析和构造原型是两个关键环节。需求分析相当于多媒体课件教学设计前端分析和设计两部分的内容。在构造原型阶段，好的原型应该具有如下特征：①初始原型必须满足用户的基本需求。②初始原型不求完善，它只响应用户的基本已知需求。③用户使用原型必须要舒适。④用户—系统接口必须尽可能简单，用户在用初始原型工作时不会受到阻碍。

（二）编写制作脚本

1.脚本的概念与作用

编写制作脚本是多媒体课件原型开发的关键环节之一。脚本是关于课件目标、内容与实现方式、策略等的报告，是使用计算机软件进行课件制作的蓝本，在多媒体课件教学设计的分析和系统设计阶段的基础上做出的。严格地说，脚本包括文字脚本和制作脚本。文字脚本是设计人员根据多媒体课件系统设计，按照教学过程的先后顺序，将课件教学内容方面的要素描述出来的一种方式。文字脚本一般包括课件目标、学习者特征分析、教学内容、课件活动、教学组织形式、媒体呈现形式等。设计人员一般是学科教师或者教学设计人员，或者两者一起。制作脚本是脚本编制人员按照设计，结合计算机技术，写出关于如何用计算机软件实现教学内容的脚本，这里的脚本编制人员一般是教学设计人员。在多媒体课件教学设计中编写一个脚本即可，目的就是形成课件开发人员的开发依据，即制作脚本。

制作脚本在多媒体课件教学设计中起着至关重要的作用，是多媒体课件设计的表达形式，是多媒体课件设计的交流工具，还是多媒体课件制作的直接依据。

2.制作脚本编写的常用格式

多媒体课件制作脚本的编写应该包括课件的整体介绍、模块介绍和卡片说明三个部分。这三部分是从整体到局部的关系。①整体介绍是对课件整体设计的说明，包括课件功能性教学目标、课件教学内容、课件教学策略、课件结构。这一部分的内容可以让开发人员对课件有整体的了解和把握。②模块介绍是指将课件教学内容划分为多个模块，可以按照知识点或者教学活动两种方式进行划分，每个模块的说明包括教学内容、教学活动、教学组织形式、媒体类型、呈现方式。这一部分的内容可以让开发人员对组成课件的模块形成认识。③卡片说明是通过相应的卡片介绍课件的界面设计、链接关系、交互和导航的描述等内容。这一部分最为直接和形象，告诉开发人员每个页面的"样子"。

(三)媒体资源的收集与管理

在完成了制作脚本之后，基本上也确定了多媒体课件开发所需要的素材资源。这些素材资源有的可以自己开发，更多的可能是需要通过各种渠道检索获取。可以获取的素材资源有的是单一素材，而有的已经具有一定的结构，形成了"积件"，可以直接用来作为多媒体课件的组成部分。为了提高多媒体课件的开发效率，在进行媒体资源收集的过程中，要注意对这些资源的分类管理，便于随后查找和使用。

(四)开发工具选择和使用

多媒体课件的开发工具分为通用工具和专用工具两类，通用工具是指大型软件公司开发的通用性较好的应用软件，比如 Office PowerPoint 软件。专用工具是指专门为学科教学服务或专为课件开发而设计的软件工具,如几何画板。本章第二节专门介绍多媒体课件素材处理软件以及通用的课件制作软件。

(五)多媒体课件的试运行

按照快速原型法,经过了需求分析、制作脚本写作、素材资源开发和收集、多媒体课件集成和开发等环节,基本形成了多媒体课件的原型。原型还需要进一步打磨,需要和使用者反复沟通,小范围内测试和试运行,有时还要邀请专家进行评审,进而不断完善课件。

七、多媒体课件教学评价

教学评价是以教学目标为依据,按照科学的标准,运用一切有效的技术手段,对教学过程及结果进行测量,并给予价值判断的过程。这个界定中有四个关键词,第一个关键词是"教学目标",它是开展教学评价的核心依据,如果教学评价没有直接指向教学目标的实现,那么这种评价是无意义的;第二个关键词是"标准",它是开展评价的参考,类似测量中的"刻度",这个标准一定要求尽量准确,否则看上去再精密的操作步骤和数据都是无力的;第三个关键词是"教学过程及结果",它代表着测量的对象,不能仅仅针对教学过程评价,也不能只注重结果,而是过程和结果兼顾;第四个关键词是"价值判断",测量之后要给出结论,不是为了测量而测量。

多媒体课件教学评价属于教学评价中的一种,本质上属于教学资源的评价,但是由于信息技术的介入使得这种教学资源的评价嵌入了一定程度的"过程"。评价的时候同样需要考查"依据""标准""对象""结论"。多媒体课件教学评价的"依据"不是别的,正是多媒体课件教学功能目标的实现。评价的标准要因多媒体课件功能目标而异,这就好比我们测量一个人的身高需要用尺子,但是测量这个人的体重就要用秤一样。评价的对象包含多媒体课件设计和开发的全过程以及最终的产品。多媒体课件教学评价的结论一方面可以反馈给指导设计,逐步优化开发过程;另一方面也可以给予多媒体课件最终的价值判断,反映其对教学功能目标的实现程度。

(一)多媒体课件教学评价的依据

从心理学视角考察,多媒体课件的教学功能目标主要涉及多媒体课件的信息呈现、信息组织与加工以及信息提取与应用。它们分别对应学习者在开展学习时的信息输入、组织加工以及提取三个不同的环节。

从教学视角考察多媒体课件教学功能目标,已在前文进行过分析。

(二)多媒体课件教学评价的标准

关于多媒体课件教学评价的标准,可参考各级教育主管部门举办的多媒体课件大赛评价指标体系。这些指标体系相对全面,涉及教学内容、教学设计、技术性和艺术性,综合考察科学性和规范性、知识体系、教学理念及设计、教学策略与评价、运行状况、设计效果、界面设计、媒体效果等方面。详细内容大家可以参考历年全国多媒体课件大赛评分标准,还可以参考《电子化学习认证标准》。这些指标体系的形成过程相对规范、严谨,论证比较充分。由于不同的权重指标对于多媒体课件的评价具有不同的导向性,上述评价标准的考查方向可以直接引用,但是权重指标则应因地制宜。

作为多媒体课件评价的辅助工具,如果可以相互印证,则能更好地说明多媒体课件质量的高低。根据前面介绍过的多媒体认知学习规律,在信息输入环节主要关注运用"双通道"呈现信息,在呈现信息的时候注意通过呈现时间和空间的临近性、内容的一致性和冗余性等因素来控制认知负荷。在信息的组织和加工过程中,注意设计符合学习者心理表征的信息组织方式,比如过程、比较、概括、列举和分类等。在信息的提取过程中充分运用呈现教学的基本原则,这些原则是积极反应、及时反馈、低错误率和自定步调。

(三)多媒体课件教学评价的对象

多媒体课件在设计和开发之前、过程之中以及结束之后,都需要开展评估工作,即诊断性评价、过程性评价以及总结性评价。诊断性评价在多媒体课件的正式开发之前开展,主要是评估针对相应教学问题设计和开发多媒体课件的必要性和可行性。在多媒体课件设计和开发的过程中,同样需要不断地评估,主要目的是考查阶段性目标的实现情况。在多媒体课件设计和开发之后,还需要开展总结性的评价,主要目的是考查多媒体课件教学功能目标的实现情况。

需要说明的是,如果我们选用了多媒体课件大赛的评价标准,则可以直接按照相应的指标体系进行评价。

(四)多媒体课件教学评价的结论

任何评价都需要有结论,给予相应的信息反馈。评价的反馈应该包括多媒体课件整体情况、优点与不足、改进的策略等内容。

(五)其他说明

随着信息技术在教育领域广泛运用,产生了一种新型的数字化学习资源——微课。特别是视频类的微课资源同样是图文并茂地融合了教学内容和一定的教学过程。可以把微课视为多媒体课件的一种特殊形式。微课的评价依据更多的不是多媒体课件视角下的功能目标,而更倾向于教学目标。微课的评价标准,可以参考各级各类微课大赛的评价标准。微课的评价对象也可以直接选择各类微课大赛评价标准中相应的评价指标体系。微课评价的结论则与多媒体课件评价结论需要考虑的要素相同。微课资源的评价和传统教学的评价具有很大的相似之处,只是前者更突出了媒体技术的应用部分。

第二节　多媒体课件的开发

无论是传统的多媒体课件还是现在流行的微课,在开发的过程中都涉及对多媒体素材的应用。素材来源分为引用和自主建设两种。在创作过程中有时很难找到适合的多媒体素材,就要对一些已有的多媒体素材进行适当改造。这就要求我们掌握一些简单的多媒体素材处理技术，涉及图、文、声、像四大类别，并且以图、声、像三类为主。多媒体素材处理软件种类繁多，操作简单的往往在功能上就会相对单一，功能强大的往往操作起来就会相对复杂。本书结合作者自身经验介绍几种实用性较好的软件，并通过案例的形式简要介绍对应软件的使用方法。

在素材处理中，对于文本素材的处理主要涉及字形、字号、颜色以及布局等操作，一般无须专门的软件即可处理，本书不做专门介绍。本节重点介绍图片和音频素材的处理技术以及基于 PowerPoint 软件集成多媒体素材的相关技术。

一、图像素材处理技术

对于图片的处理软件，推荐 Adobe Photoshop 软件。Adobe Photoshop 简称"PS"，是由 Adobe Systems 开发和发行的图像处理软件。Adobe Photoshop 主要处理以像素所构成的数字图像。利用编修与绘图工具，可以有效地进行图片编辑工作。Photoshop 的专长在于图像处理，而不是图形创作。图像处理是对已有的位图图像进行编辑加工处理以及运用一些特殊效果，其重点在于对图像的处理加工；而图形创作软件是按照自己的构思创意，使用矢量图形来设计图形。

从功能上看，Photoshop 软件可分为图像编辑、图像合成、校色调色及特效制作部分等。图像编辑是图像处理的基础，可以对图像进行各种变换，如放大、缩小、旋转、倾斜、镜像、透视等；也可进行复制、去除斑点、修补、修饰图像的残损等。图像合成则是将几幅图像通过图层操作、工具应用合成完整的、传达明确意义的图像；Photoshop 提供的绘图工具让外来图像与创意很好地融合。校色调色可方便快捷地对图像的颜色进行明暗、色偏的调整和校正，也可在不同颜色之间进行切换以满足图像在不同领域的应用，如网页设计、印刷、多媒体等方面。特效制作在 Photoshop 中主要由滤镜、通道及工具综合应用完成,包括图像的特效创意和特效字的制作,如油画、浮雕、石膏画、素描等常用的传统美术技巧都可由 Photoshop 特效完成。

(一)Photoshop CS5 的工作环境简介

下面以 Photoshop CS5 版本为案例,介绍一下 Photoshop 的基本工作环境。

启动 Photoshop,打开 Photoshop 的工作界面,如图 5-1 所示。

图 5-1　Photoshop 的工作界面

界面左上角是 Photoshop 的标志,单击 PS 标志,会出现"还原""最小化""关闭"命令。

菜单栏由文件、编辑、图像、图层、选择、滤镜、分析、3D、视图、窗口、帮助等菜单项目组成,每一个菜单下面都有子菜单。Photoshop 版本的不同,菜单的数量也是不同的。

Photoshop 中通过菜单和快捷键执行所有命令,熟记 Photoshop 的常用快捷键,可以提高软件的使用效率。

菜单右侧有"基本功能""设计""绘画""摄影"等提前预置好的工作区,单击某一工作区的时候,工作面板的组合方式会发生相应的变化。一般情况下,选择"基本功能"工作区。菜单栏的右侧是"最小化""还原""最大化""关闭"按钮。菜单下一栏是属性栏,单击工具箱中任一工具时,属性栏会发生相应的变化。中间的窗口是图像窗口,它是 Photoshop 的主要工作区,用于显示图像文件。

打开一个图像文件,图像文件也包含了标题栏,在标题栏中提供了文件名、缩放比例、颜色模式等信息。

如果同时打开了两幅图像,可以通过单击两个图像的标题栏完成图像切换,同时,图像窗口的切换也可以使用快捷键 Ctrl＋Tab 实现。

工具箱中的工具可用来选择、绘画、编辑以及查看图像。工具栏中的工具也按照上述的这些功能分组,不同工具组用分隔线分隔。不同版本的 Photoshop,可用工具会略有不同。拖动工具箱的标题栏可以移动工具箱,单击工具栏上的工具按钮,属性栏上会出现对应工具的属性。

(二)图像素材处理的常用技术

在图像素材处理过程中,常见以下几种情况,由简到繁分别为图片格式修改、压缩体积、裁切、简单抠像与复杂抠像、光线与色彩的调整、清晰与模糊的调整、图片的局部修饰以及图像合成等。

1.图像处理技术之图像数字化

图像数字化的内容包括两个方面:采样和量化。图像在空间上的离散化称为采样,即使空间上连续变化的图像离散化。对样点灰度级值的离散化过程称为量化,也就是对每个样点值数码化,使其只和有限个可能电平数中的一个对应,即使图像的灰度级值离散化。

2.图像处理技术之图像增强

图像增强的目标是通过处理图像,提高图像重要细节信息或者目标的辨识度,使其比原始图像更适应于特定应用。

图像增强的作用:①锐化图像的特征(如边缘、边界)使得图像更利于分析。②不增加图像的信息内容,但是增加特定特征的动态范围,使该特征更容易被检测和识别。

3.图像处理技术之图像复原

图像复原即利用退化过程的先验知识,去恢复已被退化图像的本来面目。

图像在形成、传输和记录中,由于成像系统、传输介质和设备的不完善,导致图像质量下降,这一现象称为图像退化。

图像退化的三种现象:图像模糊、失真、有噪声。

4.图像处理技术之图像编码

图像编码也称图像压缩,是指在满足一定质量(信噪比的要求或主观评价得分)的条件下,以较少比特数表示图像或图像中所包含信息的技术。

JPEG压缩分四个步骤实现:①颜色模式转换及采样;②DCT变换;③量化;④编码。

5.图像处理技术之图像分割

图像分割是图像分析的第一步,是计算机视觉的基础与图像理解的重要组成部分,同时也是图像处理中最困难的问题之一。所谓图像分割是指根据灰度、彩色、空间纹理、几何形状等特征把图像划分成若干个互不相交的区域,使得这些特征在同一区域内表现出一致性或相似性,而在不同区域间表现出明显的不同。

6.图像处理技术之图像识别

图像识别,通过分类并提取重要特征而排除多余的信息来识别图像。是指利用计算机对图像进行处理、分析和理解,以识别各种不同模式的目标和对象的技术,并对质量不佳的图像进行一系列的增强与重建技术手段,从而有效改善图像质量。

图像识别以开放API的方式提供给用户,用户通过实时访问和调用API获取推理结果,帮助用户自动采集关键数据,打造智能化业务系统,提升业务效率。

二、音频素材处理技术

（一）音频素材开发软件简介

缺少了声音的参与，多媒体的效果会欠佳，甚至无法正常使用。考虑到初学者的实际情况和音频处理软件对计算机硬件的要求，本书选择了 Adobe Audition 软件的 3.0 版本，简要介绍音频素材处理的常用技术。主要内容包括 Audition 的基本情况、工作环境和工作流程。如果要更专业地使用 Audition 软件，则需要补充学习一些声学知识，有了这些知识作为基础，在进行参数调整的过程中就更有针对性。限于篇幅，本书不展开详细介绍，这部分声学知识可自行开展探究式学习。

Audition 是一个专业音频编辑和混合环境，原名为 Cool Edit Pro，被 Adobe 公司收购后，改名为 Adobe Audition。Audition 可提供录音、音频混合、编辑、控制和效果处理功能。最多混合 128 个声道，可编辑单个音频文件，并可使用多种数字信号处理效果。

Audition 与 PS、Flash 等设计软件是同一公司开发的，可以快速在 Adobe 的不同软件中无障碍切换，完成对不同类型素材的编辑。

Audition 的基本工作环境和流程如下。Audition 的工作界面如图 5-2 所示。

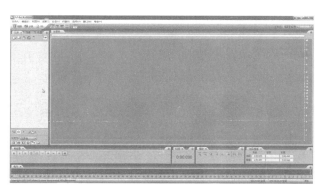

图 5-2　Audition 的工作界面

启动 Audition 3.0，在界面的左上角，是 Audition 的标志，鼠标左键单击该标志,会出现还原、移动、大小、最大化、最小化、关闭按钮的菜单栏。在右上角有最小化、向下还原以及关闭按钮,在下方是Audition 的菜单栏。分别是文件菜单、编辑菜单、视图菜单、效果菜单、生成菜单、收藏夹菜单、选项菜单、窗口菜单以及帮助菜单。下方是两种常用的工作模式,默认状态下是编辑模式,另一个是多轨视图模式。在左侧的工作面板中,可以导入文件,也可以关闭文件,还可以将文件进行名称修改、复制等编辑工作。

左下方是传送器,上边的按钮分别是停止、播放、暂停、循环模式、转到开始的第一个标记或者上一个标记、转到结尾的最后一个标记或者下一个标记、向后、向前,还有红色的音频录制按钮。

传送器右侧是时间面板,当把鼠标定位在素材上的某一点的时候,在时间面板上就会显示出当前鼠标所在的时间信息,如图 5-3 所示。时间面板右侧是缩放面板,可以在水平方向和垂直方向上对音频素材的显示方式进行调整,比如水平放大、水平缩小、全屏缩小、垂直放大、垂直缩小,要编辑音频中的某一段时可选择这一段音频,单击缩放至选区,界面上显示所选音频的最大化,此外还可以全屏缩小至原文件。最下方的区域用来显示音频电平,这是 Audition 的基本工作界面。

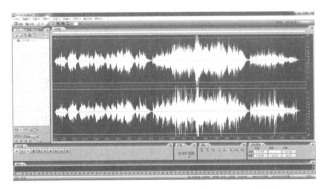

图 5-3　Audition 工作界面中的时间信息

下面简单介绍 Audition 的工作流程。在首次启动 Audition 软件的时候,系统会提升对音频硬件进行调整,单击"编辑"菜单,选择"音频硬件设置"，在弹出的面板中有"编辑查看""多轨查看"两个面板标签，如图 5-4 所示。在"编辑查看"中下方有"默认输入设备"和"默认输出设备"，在"多轨查看"中同样有这两个默认设备，根据电脑硬件实际情况进行设置即可。设置完毕之后可以单击和应用按钮，以保证设备的正常运转。

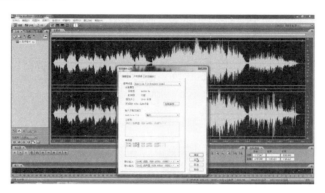

图 5-4　音频硬件设置面板

打开文件，可以对文件进行复制、剪切等相关操作。当文件剪辑完毕后，单击文件按钮，选择"另存为"命令，将编辑好的文件保存起来。这是 Audition 的基本工作流程。

（二）音频素材常用处理技术

音频处理的相关技术有很多，主要有信号处理、声学处理、数字信号处理、语音处理、声纹识别、声纹融合、语义分析等。信号处理是指对音频信号进行处理，可以用信号处理技术来改善声音质量，增强信号的清晰度，减少噪声干扰，增强语音的可识别度等。声学处理是指针对环境声音、音乐、语音等声音信号的处理，它可以通过模拟或数字信号处理技术来实现。数字信号处理技术可以用来对音频信号进行压缩、增强、过滤、变换等操作。语音处理是指对语音信号进行处理，它可以用来提高语音识别的准确性，并可以支持语音识别、语音合成等应用。声纹识别是指通过识别个人的声纹特征来验证个人身份的技术；声纹融合则是指将多个声纹特征融合到一起，以提高声纹识别的准确性。语义分析是指对音频信号进行语义分析，以提取其含义,为语音识别和语音合成提供支持。

常见的音频处理技术有噪声抑制、升降音调、音频增强、音色处理、音频特效处理等。首先,噪声抑制是音频处理技术中最常见的一种,它可以有效抑制杂音,提高音频质量。其次,升降音调是另一种音频处理技术,它可以改变原始音频的频率,使音频达到理想的音调。此外,音频增强是一种提高音频质量的技术,它可以增强音频的音量、增强低频音调等。除此之外,音色处理是一种改变音频色调的技术,可以使音频更加圆润、温暖,或者更加清新、活泼。最后,音频特效处理是一种添加特殊音效的技术,可以使音频具有更多的趣味性和个性化。

三、多媒体素材集成技术

创作交互性要求较低的演示型多媒体课件可使用 PowerPoint (PPT)软件,其最大优势是对多媒体素材的集成。随着 PPT 软件版本的更新,陆续增加了图片、音频、视频、动画等多媒体素材的简单处理功能,这种功能设计降低了多媒体素材处理的难度系数,便利了多媒体课件创作。

考虑到本节中介绍的 PPT 技术主要服务于微课视频的创作中,作为对多媒体素材集成之后的优化,本书特别加入了对 PPT 动画设置技术的介绍。

(一)PowerPoint 素材集成技术

如前所述,PPT 的最大优势是对多媒体素材的集成,目前 PPT 可以方便地实现对文本、图片、音频、视频、动画等素材的集成。

(二)PowerPoint 动画技术

在制作屏幕录制类的微课时,主讲教师一般不出镜,视频画面是屏幕画面,声音为教师讲解的"画外音"。相比而言,主讲教师在出镜讲解的过程中,会综合运用面部表情、肢体动作等辅助讲解,对于学习者注意力的维持是有帮助的。屏幕录制类微课没有维持学习者的注意力的优势,因此可以通过有意识地变化屏幕上的多媒体信息来克服。体现在 PPT 上,除了构图的变化外,还可以灵活地使用动画效果。事实上,即便是出镜讲授类的微课在录制的过程中,也经常通过切换虚拟场景、变换景别、改变拍摄的角度等创造出各种变化以维持学习者的注意力。

下面在简要分析 PPT 动画功能和分类的基础上,以 Office2010版的 PowerPoint 为例,介绍一些常用动画效果的设置方法。

首先,PPT 动画可分为两种类型,分别是片内的动画、片间切换动画,片内的动画主要是指在一张幻灯片中的元素运动的动画技术,片间切换动画是指不同幻灯片进行切换所使用的不同动画技术。

其次,PPT 动画的功能主要有以下四点:第一,维持学习者的注意力。在开发屏幕录制类的微课时,主讲人通常不出现在屏幕中,维护学习者的注意力,需要通过设计幻灯片动画来实现。第二,注意力的聚焦。当某一张幻灯片出现很多信息时,学习内容、辅助修饰内容较多,可以通过动画技术逐条实现,将学习者的注意力聚焦于学习内容,而不是混淆于其他信息,偏离学习目的。第三,展示流程。通过动画可以直观展示一些步骤流程等信息,使得学习者逻辑思维能力有所提高,事情可操作性变强。第四,展示教学环节。在一节课时不同教学环节,由上一个环节向下一个环节过渡时,可以通过动画技术实现转换,更加直观地向学习者呈现教学环节的连贯性。

第三节　微课的设计与开发

微课的本质不是课程而是教学资源,微课资源在设计和开发的过程中,同样需要遵循教与学的基本规律。本节从微课的缘起、微课的概念、微课的类型以及微课的设计与开发等角度全面介绍微课,再次贯彻理论与实践统一的原则。引导学习者建立起系统化、结构化的微课设计与开发的知识体系。

一、微课的设计

(一)为什么需要制作微课

首先来看两则新闻报道。

一个老太太过八十大寿,她的子孙们都来了,其乐融融,可是老太太很快就发现了一个问题,大家都在各自低头忙着看手机,而自己一个人坐在那儿两眼发呆,没有人与她交流,老人一怒之下掀翻桌子扬长而去,留下后辈们目瞪口呆……这段文字描述了生活中的一个非常典型的场景。

某高校为课堂配上了手机收纳袋,每次上课前,学生将手机放进收纳袋,课后再领回手机。此举一出,立即引起不少关注和热议。高校课堂上,学生有没有必要上交手机?高校如何杜绝"低头"现象?现在大学课堂上"低头族"群体日益庞大,为了让"低头族"抬起头,很多高校可谓奇招迭出。

从这些现象中可以得到了第一个结论:人类对现代信息技术已经形成了依赖。

接着再来看两则消息。

"互联网让我们变得浅薄。"《哈佛商业评论》原执行主编尼古拉斯·卡尔 2011 年发出的第一声呼喊,立即在美国引发一场"互联网是否改变了我们的思维"的讨论,109 位哲学家、神经生物学家和其他领域的学者热议其中。尼古拉斯的新著《浅薄》上榜亚马逊畅销书百名之内,书中历数人类大脑在语音时代、文字时代以及印刷文明时代的差异,引证大量神经生理学、文化发展史文献及不计其数的实验证明得出结论:人的大脑是可塑的,这种可塑是技术工具可以完成的,而这一技术工具在 2011 年的今天,就是互联网。它还发出这样的警告:从深阅读到浅浏览,互联网在改变阅读方式的同时,正在重塑我们"浅薄"的思维模式。

国外媒体报道,在过去的数千年里,我们的身体和面部发生了巨大变化,而这一进化过程仍在进行。近日一些顶尖的解剖学家预测了人类1000年之后的面貌,与现在的我们存在着巨大的差别:

(1)我们将变得更高。由于摄入营养的改善和医疗科技的高度发展,今后人们的身高将达到1.8～2.2米。

(2)我们使用四肢的情况也会发生变化。我们的手臂和手指将会变得更长以减少伸长手臂够东西的动作,而由于频繁使用诸如智能手机这样的设备,手掌和手指的神经末梢数量将会增加,因为这类设备需要更复杂的眼与手的协调能力。

(3)我们的大脑将会变小,这可能是因为计算机将会帮助我们进行大部分记忆和思考。

共十几条显著的变化。

从上面两则消息中,可以初步得出第二个结论:信息技术正在改变人体本身。

人类已经深受信息技术的影响,这种影响不局限于精神层面,甚至有物理的层面。但是技术的发展是无法逃避的,在教学中能做的不是去拒绝技术,而是合理应用技术,让技术促进学生的学习和发展。

为了适应现在学生注意力难以保持的情况,可以开发一些适合在短时间内完成有效学习的资源。现代信息技术让信息无处不在、无时不有,可以创造一种随时随地都可以开展学习的环境。环境问题的核心是物理设备,解决的是"路"和"车"的问题,这里主要讨论软性的教学资源,即"货"的问题。通过下面对微课特点的分析,大家就会发现,微课是一种特别适合当前学习者认知风格特点的教学资源。

微课的特点可以总结概括为"短、小、精、悍"四个字。"短"是指微课的视频时间长度要短;"小"概括的是微课的主题要小;"精"理解为在设计、制作和讲解微课的时候要精细;"悍"指的是微课良好的在线视频学习效果。

1. 教学时间较"短"

教学视频是微课的核心组成内容。根据学生的认知特点和学习规律,"微课"的时长一般为 5~8 分钟,最长不宜超过 10 分钟。因此,相对于传统的 40 分钟或 45 分钟一节课的教学课例来说,"微课"可以称之为"课例片段"或"微课例"。

2. 教学内容较"少",资源容量较"小"

相对于较宽泛的传统课堂,"微课"的问题聚焦,主题突出。主要是为了突出课堂教学中某个知识点(如教学中重点、难点、疑点内容)的教学,或是反映课堂中某个教学环节、教学主题的教学活动。从大小上来说,"微课"视频及配套辅助资源的总容量一般在几十兆字节左右,视频格式须是支持网络在线播放的流媒体格式(如 mp4、wmv、flv 等),学习者可流畅地在线观摩课程,查看教案、课件等辅助资源,还可灵活方便地将其下载保存到终端设备上实现"泛在学习",也非常适合于教师的观摩、评课、反思和研究。

3. 制作"精"良

微课在设计、制作和讲解时都很精细。微课中的教学活动安排要精当,画面要精美,声音要抑扬顿挫,语言要有感染力。出镜讲解时,教师一定要做到"现场看镜头,心中想学生"。可以说微课是浓缩的精华。

4. 功能强"悍",效果"震撼"人心

这个特点是微课对学习者学习动机或者学习兴趣的维持方面的特长,也是微课的重要特征之一。微课在课前设计、现场录制、后期编辑等环节都需要注意,往往需要精心制作或选用音频、视频甚至动漫等多媒体素材,有条件的还可以动用多种高科技手段。这会对学生具有极强的吸引力。

最后回归本节的主题,为什么要做微课?从上面的分析中不难看出,制作微课,其实是教育对信息时代所做的被动适应,是一种必

然选择。这种选择具有其心理的和生理层面上的依据。

(二)什么是微课

首届中小学微课大赛官方文件认为："微课"全称"微型视频课程"，它是以教学视频为主要呈现方式，围绕学科知识点、例题习题、疑难问题、实验操作等进行的教学过程及相关资源的有机结合体。高校微课大赛官方文件认为："微课"是指以视频为主要载体记录教师围绕某个知识点或教学环节开展的简短、完整的教学活动。

工作在基础教育一线的教师对微课有自己的认识。他们有的认为微课是介于文本和电影之间的一种新的阅读方式，是一种在线教学视频文件。长度在 5 分钟左右，由文字、音乐、画面三部分组成，没有解说。有的认为，微课又名"微课程"，是"微型视频网络课程"的简称，它是以微型教学视频为主要载体，针对某个学科知识点或教学环节而设计开发的一种情景化、支持多种学习方式的新型网络课程资源。还有的认为，微课是为满足个性化学习差异的需要，以分享知识和技能为目的，师生都可以通过录制增强学习实境、实现语义互联的简短视频或自主学习的动态演示过程。

高等院校理论研究人员对微课也有自己的认识。有的教授认为，微课是以阐释某一知识点为目标，以短小精悍的在线视频为表现形式，以学习或教学应用为目的的在线教学视频。有的教授认为，微课是指为使学习者自主学习获得最佳效果，经过精心的信息化教学设计，以流媒体形式展示的围绕某个知识点或教学环节开展的简短、完整的教学活动。有的教授认为，微课是指时间在 10 分钟以内，有明确的教学目标，内容短小，集中说明一个问题的小课程。还有的教授认为，微课是为支持翻转学习、混合学习、移动学习、碎片化学习等多种新型学习方式，以短小精悍的微型流媒体教学视频为主要载体，针对某个学科知识点或教学环节而精心设计开发的一种情景化、趣味性、可视化的数字化学习资源包。

官方的理解主要来自一线教师和研究人员的早期研究成果。基础教育中的一线教师与高校中的理论研究人员对微课的理解又有不同侧重。一线教师更侧重微课的表现形式与功能,而理论研究人员则更注重微课的基本原理。两种侧重分别属于两个研究层面,外在形式与功能研究直接与实践相对接,有利于迅速促进微课的应用实践。基本原理和规律研究重视对微课的理性反思,有利于微课实践应用往持续、健康的方向发展。两种看法没有对错之分,只有适用之别,共同为促进微课的实践应用服务。

综合研究上述几种对于微课概念的界定,我们对微课的理解仍然存在困惑。第一,微课的"邻近属"是课程、资源、教学活动还是课程组件?这个问题是概念的定位问题,决定着我们要从哪个范围、程度或方向去理解。第二,微课的"种差"是时间、知识点还是教学环节?我们认为微课的"邻近属"应该定位在"数字化学习资源"上,而"种差"只能定位在"微型时间段"上。用一句简短的话表述,即微课是适合在微型时间段内使用的数字化学习资源。下面分别对微课的"邻近属"与"种差"的由来进行详细分析。

1.微课的"邻近属"——数字化学习资源

首先,需要说明的是微课不是课程。课程的两大构成部分是课业和教学进程,微课中有课业,在视频类微课中似乎也有进程,但是这种进程是虚拟的,并非是教师与微课使用者之间构成的真实教学进程,其本质是一种数字化学习资源。其次,我们不赞同把微课的形式局限于数字视频资源上,我们认为只要适合在零散时间进行学习的各种数字化学习资源都可以是微课,比如一段音频、一段文字材料、一个动画甚至是一个流程图或者结构图等。再次,微课中需要设计一定的教学活动,有时还需要通过一定的教学活动来呈现微课的内容,但是微课的教学活动都是相对固定的,不具有真实课程中生成性特点,因此也不能把微课表述为一种教学活动。最后,微课的特点与课件的特点类似,只是课件的作用更多的是辅助学习者自主性地"学",而非教师的"教"。

2.微课的"种差"——微型时间段

首先,不能选择"知识点"作为微课的种差,因为并非所有的微课都是以知识点为单位的。学习具有层级性与阶段性,为了完成学习,学习者可能在不同的层面上进行重复,也未必一次性完成。为了适应学习的这些特点,微课的设计未必都以单个知识点为单位,比如对于总结、复习阶段的学习来说,多个知识点的整合呈现更加适合他们的实际需求。其次,微型时间段仅仅是一种外在的表现,因此不能机械地规定这个微型时间段的长度。不同年龄学习者的注意力水平可以作为微课内容设计的参考,但是这也不是绝对的,因为学习者的学习成效不仅仅与注意力有关,还与兴趣、需求等因素有关。可见,只要总体来说可以在一个相对短暂的时间内完成一次有效的学习即可。因此我们在上述的界定中加入了一个限定词——"适合"。

根据上述分析,微课不能理解为微型化的课程,而是一种可以辅助教学的资源。基于微课资源开展的教与学也打破了传统的"课"的概念,让"课"在时间与空间两个维度充分拓展了灵活性。

(三)微课的类型

本书尝试将微课从资源的制作技术和表现形式两个特征维度进行划分,这样直观性更好,更有利于指导微课实践。

从视频的制作技术考察,可以把微课划分为屏幕录制、虚拟制作、虚实结合以及拍摄制作等类别。从视频的表现形式考察,可以把微课划分为出镜讲解、对话节目、实景拍摄、表演、数字故事、手绘、纸片表演以及录屏讲解等类别。

经过大量调研,鉴别出来至少 15 种不同类型的视频类微课,它们分别是"PPT"＋讲授微课、出镜讲授微课、动画模拟微课、对话节目微课、可汗学院微课、屏幕操作演示与讲授微课、动作技能演示微课、实景授课微课、数字故事、数字化制作微课、小品表演微课、虚拟演播室制作微课、虚实结合制作微课、纸绘动画微课、纸片表演微课。从视频的制作技术视角考察这些微课，"PPT"＋讲授微课、可汗学院微课、屏幕操作演示与讲授微课、数字故事可以划归为屏幕录制一类；数字化制作微课、虚拟演播室制作微课可以划归为虚拟制作一类；虚实结合制作微课、动画模拟微课、动作技能演示微课、数字化制作微课等可以划归为虚实结合一类；出镜讲授微课、对话节目微课、动作技能演示微课、实景授课微课、小品表演微课可以划归为拍摄制作一类。我们看到这些划分中存在一定的交叉，这是因为有的制作综合运用了几种手段所导致。下面简要介绍一下不同类别微课的特点。

1."PPT"＋讲授微课

"PPT"＋讲授微课主要特点是采用电脑录屏方式制作，屏幕的画面是 PPT 内容，在播放 PPT 的过程中配合语音讲解，教师不出镜。这类微课最常见，开发简单，特别适合建设混合式教学课程资源。

2.出镜讲授微课

出镜讲授微课主要特点是教师出镜讲解，可以直接在教室里进行录制，也可以在录播室进行，适当安排学生现场参与录制。这类微课也比较常见，由于录制环境和传统课堂教学相似，因此教师比较容易适应，制作难度适中。同时由于教师的出镜讲解，也增加了亲切感。

3.动画模拟微课

动画模拟微课主要特点是通过运用动画制作的软件，用动画模拟的形式展示一些难以在常规条件下观测到的现象、过程、原理等。这类微课开发难度较大，技术含量较高，费用也较高。

4.对话节目微课

对话节目微课主要特点是通过有问有答的形式环环相扣地介绍教学内容。这类微课形式新颖，便于开展启发式教学，适合特定类型的知识。制作难度适中。

5.可汗学院微课

可汗学院微课主要特点是运用了手写输入的方式进行屏幕录制。这种制作方式教师不一定出镜,声音以"旁白"的形式出现,一边讲解内容一边书写,展示分析的过程。特别适合理工科课程中的公式推导、习题解答等内容。开发难度较低。

6.屏幕操作演示与讲授微课

屏幕操作演示与讲授微课主要特点是直接将计算机屏幕上的所有操作过程如实记录下来。特别适合一些计算机软件或者语言类课程的教学。开发难度较低。

7.动作技能演示微课

动作技能演示微课以录像制作为主,配以关键步骤或者注意事项的说明。将动作技能类的课程内容录制下来,适当进行后期剪辑工作。开发难度适中。

8.实景授课微课

实景授课微课特点是在现场进行实景授课,同时进行视频录制。这种制作方式技术难度适中,主要适合实习类、历史类、旅游类等课程内容。

9.数字故事

数字故事主要是通过音乐、图片、屏幕文本的动态组合呈现教学内容,内容以态度、品德为主。

10.数字化制作微课

数字化制作微课特点是微课的素材部分或者完全地通过数字化制作完成,里面的角色或者演员也多是通过计算机软件设计制作出来。这种微课开发难度较大,但是表现形式更为灵活,画面内容生动有趣。

11. 小品表演微课

小品表演微课的特点是通过小品表演的形式突破教学中的重点或者难点，情境性较强。特别适合语言类的教学内容。

12. 虚拟演播室制作微课

虚拟演播室制作微课特点是以虚拟演播室技术为主。通过软件开发一些虚拟的场景，让教师在虚拟的场景中进行授课。制作难度较高，需要的硬件条件较高，开发费用也较大。

13. 虚实结合制作微课

虚实结合制作微课的特点是适当运用了视频的键控特技，把人物从单一的背景中进行视频抠像，然后再把人物影像和其他教学场景合成在一起。这类微课画面感较好，形式相对新颖、灵活。制作难度适中，具有简单的背景幕布和灯光条件下，即可进行素材录制。

14. 纸绘动画微课

纸绘动画微课比较少见，但是形式独特。整个微课视频都是拍摄在纸上的手绘过程，通过技术手段加快绘画视频的播放速度，配合教学内容的讲解形成微课。类似传统教学中的版画技术。

15. 纸片表演微课

纸片表演微课也比较少见而独特。是通过录制提前摆放的剪制纸片过程来实现。既有一定的情境性，也有一定的趣味性。但是无论是纸绘动画微课还是纸片表演微课，它们能提升学习者学习兴趣的原因是其特点比较突出，同时也很少出现，如果在教学过程中大量采用这类的微课，可能会失去效果。

在制作微课时，适当变化制作的形式，既有利于教学内容的呈现，也有利于提升学习者的学习兴趣。

（四）微课的设计

微课虽然有个"课"字，但是无论是从历史视角还是现实实践的视角而言它都和"课"没什么直接关系。微课不是课，更不是课程，而是一种资源，是一种适合在短时间内完成有效学习的资源。其表现形式虽然以视频为主，但是不限于视频，可以是其他任何表现形式。

微课程与微课不同。微课程既要包括需要学习的知识，还要包括掌握这些知识所需的相关支撑材料，甚至是使用的方法和过程。

本书所指的微课都是资源类的微课，不是微课程。本书讲的微课的教学设计，本质是对微课资源的教学设计。本节里的微课特指视频类的微课。

教学设计不是一个固化的流程，更不是一张复杂的表格，而是针对具体的知识点类型和教学环节，对教与学的基本理论的合理运用。没有教与学的基本理论作为支撑，微课教学设计质量的提高等同于天方夜谭。前面介绍过教学设计的基本原理是根据不同知识点的类型，安排适当的外部条件以支持学习者学习的内部条件与过程。对于微课的教学设计也同样遵循这样的原理。因此一个良好的微课设计一定要关注四件事。第一，微课要呈现的是哪种类型的知识点；第二，通过微课教学视频的学习要实现哪些教学目标；第三，教学策略如何选择；第四，教学效果如何评估。需要特别指出的是，传统的教学设计除了上述要求以外需要关注对学习者特征的分析，有的时候还需要关注对学习环境的设计以及自主学习策略的设计。但是微课的教学设计不需要特别关注这些。原因是微课一般不会是面对特定的教学对象进行开发的，并且其教学设计的本质是学习资源的教学设计，而不是教学过程的教学设计。

从前面有关教学设计内容可以了解到，教学设计的核心是教学策略的选择。对微课的教学设计而言，教学策略的选择分为教学活动的选择策略和教学媒体的选择策略。教学活动的选择策略和传统教学没有本质区别，根据知识点类型和教学目标进行选择和安排即可。前面介绍过 15 种微课的呈现形式，这些呈现形式的选择在本质上属于微课教学媒体的选择策略。设计者可以根据不同种类的微课特点进行灵活选择即可。

对于微课教学设计的评估,我们建议从评估教学资源的视角进行。对教学资源的评估一般会考察其教育性、科学性、技术性和艺术性。对微课也应该如此。其中教育性和科学性主要考察目标是否明确、方法是否得当、效果是否明显、内容是否准确,技术性和艺术性主要考查是否具备"短、小、精、悍"的特点。

当前各地都在积极开展微课大赛工作,这些微课和这里介绍的微课有很多不同。

如果将这两类"微课"分别命名为"参赛微课"和"资源微课",其在目标/导向、选题、教学设计、媒体设计、开发技术以及评价依据等六个方面存在差异。

1. 目标/导向

参赛微课以获得奖项为直接目标,在建设时基本用打造经典"范例"方式进行。既然是用来参赛,设计时会尽量在作品中展示各种优势,发挥各种特长,精益求精,打造经典。

资源微课以教学应用为目标,在平时教学过程中开发和使用,其开发的导向要求可以实现常态化,这样才能保证需要时能开发出来。

2. 选题

参赛微课需要综合的考虑,力求发挥内容、手段、技术的综合优势,甚至要为微课起一个吸引眼球的标题。

资源微课直接来自实际教学需求,需要开发什么内容、需要用什么表达方法等都是根据实际情况而定。

3. 教学设计

参赛微课更像是"精装版"的课例片段,如果配上其他的教学资源以及教学活动,则变成了"微课程"。这种微课需要进行系统化教学设计的,有教学的全过程,涉及讲、练、用多个环节的展现。

资源微课的本质是一种资源,适合在短时间内完成学习,用以解决教学过程中的一些阶段性的问题。有的用来讲授内容,有的用来辅助练习,也有的用来应用提升。因此不需要系统化的教学设计,根据实际需求简要、灵活地进行教学设计即可。

4. 媒体设计

参赛微课的媒体呈现是精致的,往往会用到多种媒体的组合,为了突出技术性可能过度地使用媒体。

资源微课以简单实用为导向,媒体的设计并不作为重点,如果能用单一的媒体实现了教学效果就不用多种媒体形式的组合。

5. 开发技术

参赛微课经常请专业公司制作,或者由学校组成相关的技术团队进行联合打造,往往使用高端、大气、上档次的技术手段,如虚拟演播、三维动画、仿真技术等。

资源微课一切从简,秉承"KISS"(保持简单和愚蠢)原则。一般选用常规的技术,"傻瓜式"的软件,保持"草根"的制作水准,实现常态制作。

6. 评价依据

参赛微课以大赛的评价指标为准进行作品评价,严格按照指标准备相关内容,完成相应任务。资源微课在没有被使用前主要考察其资源属性,但当其被使用在教学之后,一切以教学需求为目标,那么其评价依据自然就是教学效果。

二、微课的开发

微课类型多种多样,有的"草根",有的"高大上"。微课是一种教学资源,在制作过程中只要符合学习者的一般规律,促进学习者学习即可,微课的外在表现形式是可以灵活变通的。Camtasia Studio 软件是一个专业的屏幕录像和视频编辑软件,提供了屏幕录像、视频的剪辑和编辑、视频菜单制作、视频剧场和视频播放功能。使用这个软件,用户可以方便地进行屏幕操作的录制和配音、视频的剪辑和过场动画、添加说明字幕和水印、制作视频封面和菜单、视频压缩和播放。我们在微课制作中经常使用到的是 Camtasia Studio 软件的屏幕录像、视频的剪辑和编辑两个组件,前者用于完成屏幕视频的记录,后者用于各种视频素材的剪辑和集成。

Camtasia Recorder 屏幕录像器能在任何颜色模式下记录屏幕动作,包括光标的运动、菜单的选择、弹出窗口、层叠窗口、打字和其他在屏幕上看得见的所有内容。除了录制屏幕,在录制时 Camtasia Recorder 还能在屏幕上画图和添加效果,以便标记出想要录制的重点内容。屏幕录制结束后,使用 CamtasiaStudio PPT 插件可以快速地录制 PPT 视频,并将视频转化为交互式录像传到网页上,也可转化为绝大部分的视频格式,如 avi、swf 等。

第六章

混合学习改革

要根据学习对象和课程内容的特点等,对这些线上和线下的资源和活动进行合理的组织并设计相关的实施策略,以便充分发挥混合学习的效果。

其中,线上活动包括学习平台中课程资源的组织和展现形式;线下学习活动则包括各类面对面的活动设计,如传统课堂和翻转课堂的活动设计与评价、实验实训环节的设计及评价等。

第一节 课程改革总体实施方案的设计

课程改革的总体实施方案应在课程开始前完成并上交教学主管部门。通过课程改革方案,教务部门可以了解为什么要进行改革、究竟如何改革、预计的成效、需要学校提供何种支持等。

一、明确课程改革的背景和目标

改革的背景通常是目前的课程教学不能适应人才培养的需要,课程质量有待提高,具体而言,通常是课程内容、教学方法和手段等需要调整。例如,某学校的大学计算机基础改革的背景为:围绕学校办学定位和应用型人才培养的目标,适应信息化时代的人才培养特点及其新的要求,培养学生的计算机应用能力及信息素养,进一步深化教学改革,强化实践、突出应用,开展基于 MOOC 的大学计算机基础课程教学改革,以促进大学计算机基础课程教学质量的根本提升。

相应地,要说明改革的目标。改革的总体目标是通过改革提升课程质量,但具体体现在哪些方面在改革方案中应有所描述。例如,提高学生对信息技术的兴趣和敏感性,提高学生的学习积极性,培养学生利用网络开展学习的习惯,改善学生的自我控制能力,等等。此外,还应说明如何检测改革的目标是否达成。例如,可以通过调查问卷和学生课程成绩等分析改革成效是否达成。

二、明确课程改革的内容和实施对象

课程改革实施方案应包括课程改革的背景、课程课时的调整、课程内容的调整、课程教学方法、课程评价方式、相关支持条件等内容。

(一)实施对象

改革方案中需要说明改革方案的实施对象,通常为某年级的某个或多个专业的学生,有时需要做对比实验,可将一部分学生作为改革实施对象(实验班),再选择一些学生不进行改革(对照班)。为了客观公正地分析改革效果,在分班时应保证实验班和对照班在统计学上是没有区别的。

例如,某公共基础课程在进行改革时,在工学、管理学、艺术类、教育学专业选择班级进行试点,分别选择机械设计与制造(工学)、金融工程(管理学)、小学教育(教育学)、美术学(艺术类)这四个专业。每个专业均有两个以上班级,选择一个班级为实验班,另一个为对照班,对比开展改革后的数据信息,如表 6-1 所示。

表 6-1　实验班和对照班的对比分析

对比方法	改革对象	
	实验班 (线上学习＋翻转课堂＋实验训练)	对照班 (传统课堂＋实验训练)
对比同一专业的实验班和对照班的以下数据： 学习过程行为 期末考试成绩 调查问卷数据	机械设计与制造 1 班	机械设计与制造 2 班
	金融工程 1 班	金融工程 2 班
	小学教育 1 班	小学教育 2 班
	美术学 1 班	美术学 2 班

(二)学分与考核方式

说明改革前后课程的课时和学分变化。例如,开展基于 MOOC 的混合教学改革后,理论课时和实验课时是否改变、学分是否需要调整。通常在改革后,学生需要在线上自主学习相关内容,需要花费数个小时进行学习。因此,线下学习环节(主要是理论课堂)的课时要适当减少,以保证改革前后学生的学习时间不显著增加。

说明考核方式的改革方式。开展基于 MOOC 的混合教学改革后,增加了线上学习环节,理论课堂也相应地进行了翻转等改革,课程的考核方式必然需要改变。例如,课程最终成绩来自多个学习环节的成绩、过程性评价的成绩比例增加,期末考试等总结性评价的成绩比例要适当减少。每项成绩的评价方法都应说明具体的评分方法。以下为某高校大学计算机基础课程改革中关于成绩和学分的说明。

本课程的成绩通常可以设置为平时成绩 70％,总结性成绩占

30％。平时成绩的计算方法如下："线上学习＋实验课"模式——观看视频占 10％,测验成绩占 40％,作业成绩占 30％,参与讨论占 10％,综合表现 10％;"线上学习＋翻转课堂＋实验课"模式——观看视频占 10％,测验成绩占 30％,作业成绩占 20％,参与讨论占 10％,翻转教室活动及综合表现占 30％。

本课程修课结束后,学生自愿参加省一级等级考试,对于不参加省考的学生,学校将自主命题组织考试。省考或学校组织的期末考试成绩作为总结性成绩。本课程所有学生均参加 28 课时的实验教学环节,采用相同的实验项目内容,实验完成情况以作业形式提交到课程网站,计入平时成绩,不再书写纸质实验报告。所有学生达到课程要求均可获得 2.5 个学分。

(三)课程进度

说明课程每周的学习内容和具体进度安排,包括时间进度、每周的教学环节安排。任务设置及时间安排等应遵循一致的规则,从而便于学生记忆和遵循。此外,由于开展翻转课堂活动需要学生提前完成相关任务,因此在排课时,应考虑到学生有一周左右的时间完成任务,如果能安排在实践环节后,则在翻转课堂上就能将理论和实践操作的内容一起进行设计。

表 6-2 为某校大学计算机基础课程基于 MOOC 的混合教学改革进度安排表。课程从学校校历的第 4 周开始,共持续 14 周(如遇放假则顺延),每周学生需要自学课程的视频、完成作业和测验以及实验等内容,还要参加翻转课堂的活动。在课程进行中还安排了 4 次竞赛,竞赛均结合课程实验内容进行设计,并尽可能安排在实验课上完成,从而提高实验课的效率和学生的积极性。演示文稿设计这一竞赛安排在课外,是考虑到该内容需要较多的资料收集处理和设计的过程。每周作业和测验的截止时间遵循以下规律:每周结束后下周一作业截止,下周四测验截止。

表 6-2　某校大学计算机基础课程进度安排

周次	日期	自学学习内容	作业截止时间	测验截止时间	实验内容	翻转课堂	竞赛内容
第 4 周	9/21—9/27	导论 如何成为一名MOOCer	无	无	实验一:认识计算机和指法练习、上网基本操作	课程介绍、第 1 章内容提要	无
第 5 周	9/28—10/4	第 1 章 认识计算机	10/5	10/8	实验二:配置计算机系统	无	无
第 6 周	10/5—10/11	第 2 章 计算机系统	10/12	10/15	实验二:配置计算机系统	第 1 章翻转课堂	无
第 7 周	10/12—10/18	第 3 章 常用工具软件	10/18	10/21	实验三:常用工具软件的使用	第 2,3 章翻转课堂	无
第 8 周	10/19—10/25	第 4 章 使用Windows7(一)	10/16	10/19	实验四:Windows7 的基本操作(一)*	无	打字竞赛
第 9 周	10/26—11/1	第 4 章 使用Windows7(二)	11/2	11/5	实验五:Windows7 的基本操作(二)	第 4 章翻转课堂	无
第 10 周	11/2—11/8	第 5 章 文字处理(一)	11/9	11/12	实验六:使用 Word 2010(一)	无	无
第 11 周	11/9—11/15	第 5 章 文字处理(二)	11/16	11/19	实验七:使用 Word 2010(二)*	第 5 章翻转课堂	文档排版

续表

周次	日期	自学学习内容	作业截止时间	测验截止时间	实验内容	翻转课堂	竞赛内容
第12周	11/16—11/22	第6章 电子表格(一)	11/23	11/26	实验八:使用Excel 2010(二)	无	无
第13周	11/23—11/29	第6章 电子表格(二)	11/30	12/3	实验九:使用Excel 2010(二)*	第6章翻转课堂	Excel数据统计分析
第14周	11/30—12/6	第7章 演示文稿	12/7	12/10	实验十:使用Power Point2010	无	无
第15周	12/7—12/13	第8章 多媒体技术	12/14	12/17	实验十一:多媒体技术应用	第7、8章翻转课堂	无
第16周	12/14—12/20	第9章 计算机网络与Internet	12/24	12/27	实验十二:计算机网络与Internet	无	无
第17周	12/21—12/27	第10章 信息安全	12/28	1/1	实验十三:信息安全	第9、10章翻转课堂	无
第18周	12/28—1/3	复习	无	无	备考模拟练习	课堂复习	竞赛作品征集与指导

注:*表示实验课上将开展竞赛。

三、明确课程改革的支持条件

开展教学改革无疑需要教师投入更多的精力,同时还可能需要相关经费用于鼓励和奖励学生。因此,应在改革方案中明确所需的经费和政策支持。尽管不同学校的政策有差异,但大多可以采用"折合工作量"的方法,即将教师在课程改革中的工作量折合为教学工作量,或者直接在该课程原有课时的基础上乘以加倍系数。例如,某课程原有课时为 28(理论)＋28(实验),开展基于 MOOC 的教学改革后,理论课程调整为 14 课时但采取翻转课堂模式进行,实验课时不变但增加了线上学习活动。以某个班级 60 人来计算工作量,计算如下:

改革前理论课时:28×1.15(课程类型系数)×1.2(班级规模系数);

改革前实验课时:28×1(课程类型系数)×1.1(班级规模系数)。

调整后,建议学校按如下工作量核算:

改革后理论课时:14×3(倍数)×1.15(课程类型系数)×1.2(班级规模系数);

改革后实验课时:28×1.5(倍数)×1(课程类型系数)×1.1(班级规模系数)。

学校通常需要依据教学改革的效果来认定课程工作量,但在课程开始前予以说明将便于学校相关部门进行认定。

第二节　线上学习的组织和实施

线上学习设计包括:线上学习资源的发布时机、组织与展现方式、学习进度的控制方式、线上学习成绩的计算及比例设置等。

一、线上资源的组织与发布

国家尚未出台 MOOC 建设的统一标准,可以参考教育部发布的

《国家级精品资源共享课建设技术要求》和地方教育主管部门颁布的MOOC建设标准。图6-1为《国家级精品资源共享课建设技术要求》的基本资源结构,图6-2为安徽省制定的MOOC资源的标准。

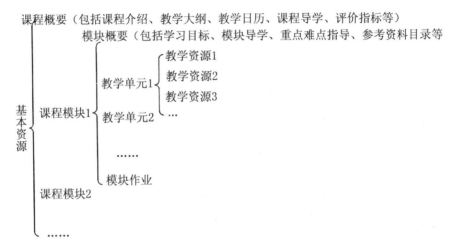

图6-1 **《国家级精品资源共享课建设技术要求》中对课程资源的组织要求**

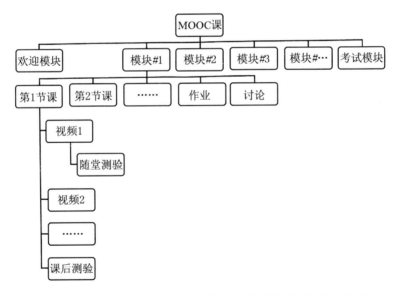

图6-2 **安徽省MOOC建设规范中对课程资源的组织要求**

参考上述标准,我们提出了如下的线上资源建议组织形式。线上资源包括课程简介和各章内容,每章内容包括若干节,每节包括若干视频、视频后的测验、参考资料,以及作业、测验、讨论等,如图6-3

所示。每节包括1个或多个短视频,每个视频播放过程中会弹出一个
选择题,学生回答正确后才能继续观看视频。视频结束后学生需要
完成本视频内容相关的小测试,一般包括几道选择题。

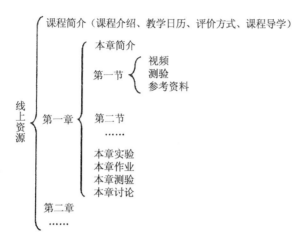

图 6-3　课程的在线资源组织形式

在线上和线下学习的过程中,学生难免会遇到问题,这些问题可
能是学习平台使用中的问题,也可能是学习内容方面的问题,还可能
是学习方法、作业要求、成绩评价等方面的问题。帮助学生解决这些
问题将有助于学生完成课程的学习目标。那么如何让学生掌握获取
帮助的方法呢?

首先是在学习平台中说明平台使用方法和常见问题,应简洁、易
于理解,给予相关实例,并不断更新增加热点问题。

其次是明确作业、实验和测试等的质量标准及得分计算方法,在
课程基本资料中明确说明课程的持续周数、达标要求、成绩计算方
法、证书获取方式、线下活动的安排;在每章学习内容中提供"导学",
概要介绍本章或本周的学习内容,告知学生需要完成的学习任务。

最后是合理设计论坛,分章节或主题设立子讨论区,专门设置一
个学习方法的子讨论区。例如,按照章节设置多个子讨论区,并设置
类似于"平台使用"的子讨论区供学生交流平台使用本身的问题,等
等。此外,教师团队和学生助教应做好网上答疑的安排,并及时收集

学生提出的集中问题等,给予及时的、全面的解答。

二、线上学习的过程控制

确定了课程资源的组织形式后,还需要对学生的线上学习过程和方式进行设计。例如,学习资源是一次性发布,还是每周发布一部分?学生可以自由访问所有课程资源,还是只能学习本周的内容?视频观看时是否允许拖动或加速?作业提交和测验是否设置截止时间?

(一)课程资源的发布设置

资源可以一次性全部发布,也可以每周发布近期学习的章节内容,还可以一次性上传全部资源但设置在特定时间内才能访问。第一种做法的好处是让学生可以自由学习课程的所有内容;后两种方式则对学生的学习进度有统一的总体安排,让学生只能学习部分内容,有助于集中精力完成眼前的学习任务。线上学习相关的资源和活动的发布建议时间如表 6-3 所示。

表 6-3　线上学习的相关资源及活动发布时间

资源、活动		发布时间	MOOC	SPOC
课程基本信息	课程基本信息	课程开始时	√	√
	MOOC 大纲	课程开始时	√	√
	内容关系图	课程开始时	√	√
	各章导学	本章内容开始时	√	√
视频	各章视频	本章内容开始时	√	√
测验	视频中的小测验	本章内容开始时	√	√
	视频中的小测验	本章内容开始时	√	√
作业	章(节)作业	本章(节)开始时	√	√
实验	章(节)实验	本章(节)开始时	√	√
讨论	通用讨论	课程开始时	√	√
	章(节)讨论	本章(节)开始时	√	√

资源、活动		发布时间	MOOC	SPOC
参考资料	章(节)参考资料	本章(节)开始时	√	√
平台准备	教师账号及权限	课程开始时	—	√
	学生账号及权限	课程开始时	—	√
	与教务等系统对接	课程开始时	—	√
实体课堂活动	当堂测验	课堂进行中由教师确定开始时间;课堂中测验开始时	—	√
	调查问卷	课堂进行中由教师确定开始时间		√
	课堂反馈	课程开始时	—	√

(二)学习资源的访问模式

课程资源内容可设置两种访问模式——自由学习模式和闯关模式,如表 6-4 所示。两种方式的本质区别为:前者为学生自主控制进度,后者由教师和学生共同控制进度。

表 6-4　两种学习模式对比

学习模式	资源获取	学习路径	学习主动性的要求
自由学习模式	自由	自由	高
闯关模式	完成当前任务后,才能访问下一个任务点的资源	遵循关卡设置的路径	中

1.自由学习模式

学生可自由选择学习活动进行学习。这种模式又分为两种:完全自由式和半自由式。前者为学习任务仅设置一个截止时间,在此时间之前,所有学习资源均可以自由访问;后者为每个章节均设置学习任务的截止时间,如作业、测验、视频等在本章截止时间前可以自由访问,超过时间后则无法访问;即实现特定时间内的自由访问。具体如何设置可以根据课程需要,例如,设置视频在课程截止时间前自由访问、作业和测验在本章截止时间前自由访问等,如图 6-4 所示。通过以上分析可见,在半自由式学习模式下,学生可以超前完成学习任务,即对于截止时间前的内容,学生可以自由学习;而对于截止时间后的内容,是无法自由学习的。

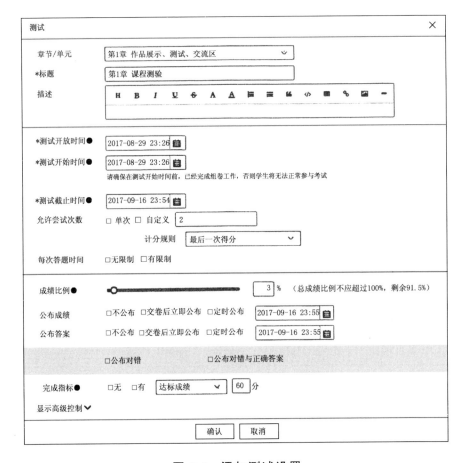

图 6-4　添加测试设置

2.闯关学习模式

每个视频、测试、作业都可设置为闯关节点,学生完成当前节点的任务后才能打开下一个任务的内容。例如,完成第一章的视频观看任务后,才能提交本章作业,接下来才能进行本章的测试,完成测试或测试满一定分数后才能进入第二章。在闯关学习模式下，同样可以设置学习任务的截止时间（例如，设置各章的作业截止时间），那么如果学生学习进度慢了，可能会出现这样的情况——好容易到达提交作业这个节点，但作业截止时间已经到了，无法提交作业了。这就会造成本次作业没有分数，而作业常常是课程成绩的一部分，从而会影响课程的最终成绩。

三、线上学习的激励策略

果壳网 CEO 姬十三曾说，"MOOC 的亮点是一个大牛老师只给你一个人讲课，但是一个人学习太孤独了。目前几个 MOOC 平台只提供最优质的课程内容，但我们都看到，只有线上的内容提供是无法让学习持续的。我们就是想探索社会化学习是否真的对学习有促进。MOOC 社区的种种功能也都是配合这个诉求而诞生的，让大家在社区氛围下和比较熟悉的同学针对专门的学习需求来各抒己见，分享自己的资源，甚至进行社交"。姬十三的观点说明了两个问题：一是学习是需要氛围的。学习者个人开展学习是孤单的，其结果可能就是低效和低质的。二是线上学习更需要激励。通过独立于 MOOC 平台的 MOOC 社区（如"果壳网"）很难解决上述问题，存在需要用户登录多个系统、数据无法汇总在同一平台、不利于师生整理和有效利用等问题。

学习激励是学习成效达成的重要手段。美国前教育部长特雷尔·贝尔曾一针见血地指出，"关于教育，有三点需要牢记。第一点是激励；第二点是激励；第三点（你猜到了）还是激励"。那么如何激励学生才能让学生记住学习任务并克服困难及时完成呢？如何让优秀的学生不会满足于完成任务而是不断学习更高层次的内容呢？

（一）学习氛围的营造

需要通过一些途径解决"孤独学习"的问题，即营造"浓浓的"学习氛围。无论是自由学习模式还是闯关学习模式，都可以在登录成

功后的学习平台首页中自动展示类似如下的信息:

形式一:今日已有 394 名学生进入课程学习,看看他们是谁?

形式二:Cathy 同学您好! 您的课程学习进度为 28%,目前课程得分 23 分,已经超过了 35% 的学生,继续加油!

形式三:该课程共有 2345 人学习,您目前学习名次为 243 名,本周您的学习排名前进了 29 名,祝贺!

形式四:Cathy 同学您好! 您完成了本周的各项学习任务,顺利获得学习勋章 1 枚,目前共有勋章 3 枚!

形式五:您的小组学习伙伴 Alen 学习名次为 180 名,Michael 名次为 1103 名。

形式六:Cathy 同学您好! 您第 5 周的任务没有完成,存在困难吗? 请联系课程团队的老师。

形式七:Cathy 同学您好! 本周的学习任务为:完成第 2 章的视频、章节测验,提交作业,在讨论区发起或回复两个帖子。本周四有线下活动,需要按小组汇报"我推荐的两款笔记本计算机"。

形式八:特别提醒:作业二 3 月 24 日 23 点截止,测试二 3 月 28 日 24 点截止。

在上述信息中,有个人的学习数据,也有本课程其他学习人员的数据;有课程提醒数据,也有及时的奖励和鼓励信息。这营造了多人在学习的氛围,有利于促进学生的学习。各类排名数据的作用是让学生了解自己和同学的学习情况。课程开始时大家的起步相同,但随着学习的进展,有的学生完成的学习任务质量更高,其姓名就会排在前列。排名对这些优秀学生是鼓励,对其他学生则是一种刺激和压力。为了吸引学生,上述提示还可以参考游戏中的排名效果,以动态图片等呈现。

(二)通过多重途径送达重要信息

针对所有学生,课程教师团队需要设置提醒,推送学习任务、近期截止的任务、平台升级等重要提示,帮助学生及时完成任务。可以通过邮件发送到学生的个人邮箱；可以设置站内消息，当学生登录平台时即可看到醒目提醒；还可以通过与第三方通信平台对接，实现直接发送短信、微信到学生手机。例如，登录 Coursera 平台后即可显示相关任务的截止时间信息，如图 6-5 所示。

图 6-5　Coursera 平台的截止时间提醒

（三）布置需要多人完成的学习任务

采取小组合作的方式进行，可以由学生自己选择小组学习伙伴。如果为本校学生，小组成员可以选择一起观看视频、一起完成学习任务。这样不仅可以方便地进行讨论，还能提高学习效率，能有效避免"视频看了一遍似乎懂了，但做题还是不会"的情况。在线下活动时，小组成员仍需要按小组共同讨论、汇报。这样，线上、线下的学习活动中都有小组成员互动，与个人自学相比，有了多种促进因素。

（四）发布优秀学生学习事迹

课程教师团队可以在学习平台的课程公告栏目中公布优秀学生的信息，以鼓励学习者。图 6-6 为在课程的公告栏中公布竞赛的获奖信息。由于公告栏中的信息是公开的，因此本课程的所有学习者均可访问,具有类似"光荣榜"的作用。

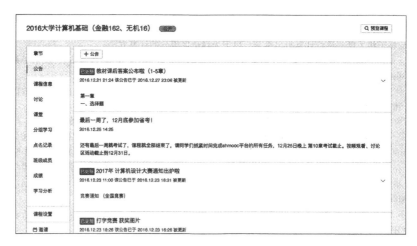

图 6-6　在课程公告中公布优秀学习者信息

(五)通过线下激励手段,促进线上学习

在混合教学中,教师可以在线下环节中表扬按时完成学习任务的学生(例如,在教室中读出他们的姓名或者投影出他们的照片),对于学习进步显著者、学习成绩优秀者也需要进行表扬。对于无法按时完成学习任务的学生,教师可以进行单独约谈,了解其原因并给予帮助。通过面对面环节中教师的表扬、威严、感情联系等方式,激励学生在后续的线上学习中提升积极主动性。

(六)借鉴游戏的激励机制

进行学习激励的另一个方式是充分利用游戏学习的思想。一个典型的例子是台湾大学叶丙成老师的"机率"(类似于"概率论")课程,教师将 Coursera 中的 MOOC 与自主开发的 PaGamO 游戏软件相结合,采用了游戏学习的方式——学生答对的题目越多,获得的领地也越大。参与 PaGamO 游戏的学生每天都能看到自己的 World Wide Ranking(世界排名),已经有全球几十万学生沉迷于此,该课程也成为 MOOC 平台上最受欢迎的课程之一。

在线上学习中,课程团队可以设置完成某个任务点后,即可获得积分、虚拟勋章以及获得观看某些资源的权利等;也可以将学习平台与第三方游戏平台对接,学习成绩更高、进度更好的学生能够在游戏中获得更多资源(如更多领地、更多的菜地、更高级的树木),但不适合采用格斗、动作、冒险类等密切交互类游戏,较适合采用养成类(如养殖植物、领地占领)等简单温和型游戏。

四、线上学习的评价

线上学习的评价应尽可能对学生的各类线上学习活动进行评价,包括停留在平台的时间、观看视频的情况、作业和测试的成绩、任务的完成时间、参与讨论的情况等。这些活动均可量化成得分,加权后计入学生的课程成绩中。

(一)量化方式

可以将每个单项的学习活动均按 100 分计算,各单项加权合计后得到总分。其中,客观题的测验自动得到评分,主观题作业或测试通过教师评阅或学生互评也能获得量化得分。观看视频情况可以设置"已经观看完成的百分比"作为视频观看的得分。例如,观看 80%,得80 分;全部观看得 100 分等。讨论区的得分相对复杂,可以根据发帖数(自己发出的帖子数量)、回帖数(回复他人帖子的数量)、点赞数(发帖或回帖被点赞的次数和)、发帖回帖的字数、帖子相关度等进行计算得出得分。以下为讨论区得分的计算方法:

第一步:从学习平台中统计出每个学生讨论的相关数据 D_i(发帖数、回帖数、发帖字数和点赞数等)。

第二步:对所有学生的每个讨论相关数据进行线性插值,可根据需要设置插值后最低分和最高分。例如

$$60+40 \cdot (D_i-\text{Min})/(\text{Max}-\text{Min})$$

其中,Max 为最高分,Min 为最低分。

每个学生的发帖、回帖情况插值后的取值范围为 60～100,即最高分为 100 分,最低分为 60 分。这样就把每项活动的情况量化为

60～100分的某个数值,从而直观地看出某个学生在讨论活动中的表现。教师可以根据学生之间的差距调整最低分和最高分。例如,有些学生极少参与讨论,则可以将最低分设置为 20 分,此时公式则变为:$20+80 \cdot (D_i-\text{Min})/(\text{Max}-\text{Min})$;也可以根据需要设置最低分为 0 分。

第三步:将各项得分加权相加,即可得到讨论区活动的得分。例如,某学生讨论区活动得分 S_{D_i} 可表示为:

$$S_{D_i} = \text{发帖数} \cdot 30\% + \text{回帖数} \cdot 30\% + \text{发帖字数} \cdot 10\% +$$
$$\text{点赞数} \cdot 30\%$$

完成后,为了防止个别帖子字数过多、个别学生发帖数奇高等造成结果偏差,教师可以对这些帖子和学生重点查看并人工调整最后得分。

当然,如果为了更加精确地对讨论情况进行评分,还需要借助自然语言处理技术。例如,对发帖、回帖内容的相关度进行评分。

(二)权重设置

可以根据每个活动的独立性、对学生成绩的体现度、成绩的可信度等方面来设定权重,例如:

$$\omega_1 \cdot \text{平台停留时间} + \omega_2 \cdot \text{视频观看完成度} + \omega_3 \cdot \text{作业和测试的}$$
$$\text{成绩} + \omega_4 \cdot \text{任务的完成时间} + \omega_5 \cdot \text{讨论发帖回帖情况}$$

如果需要得到非常恰当的权重设置,还需要反复进行试验,可采用统计分析、数据挖掘等方法进行分析和比较。此外,每个成绩项目的成绩也可能是经过处理折算得到的,其折算过程也涉及权重的分配(如上述的讨论区活动得分),这些权重设置都可以在实验分析后确定。

第三节　翻转课堂的实施

MOOC 兴起之后,基于 MOOC 开展翻转课堂成为国内外教育改革的新浪潮,为教与学的改革提供了新的思路。"翻转"能否成功取决于学生课前的准备,更取决于教师的设计。教师需要花大力气让学生课前多做准备、课中保持注意力,记录课程中的各类数据,并为下一次翻转课堂提供准备。

一、翻转课堂的概念与意义

翻转课堂(Flipped Class)起源于 2007 年,由美国知名中学教师乔纳森·伯格曼(Jonathan Bergmann)和亚伦·萨姆斯(Aaron Sams)提出。乔纳森·伯格曼被誉为"翻转课堂先行者",曾获得美国数学和科学卓越教学总统奖,他和亚伦·萨姆斯合著了《翻转课堂与慕课教学:一场正在到来的教育变革》和《翻转学习:如何更好地实践翻转课堂与慕课教学》等热门书籍。在这些书籍中,乔纳森对翻转课堂定义如下:

(1)一种增强师生互动和加大师生间个性化联系时间的手段。

(2)一种学生为自己学习负责的情景。

(3)一个老师不是"讲台上的圣人"而是"旁边的指南"的教室。

(4)一种直接教学与建构主义学习的融合。

(5)一种当学生因生病或课外活动(如体育运动或实地考察)而缺席时也不会落后的课堂。

(6)一种内容永久存档以供评阅或修复的课堂。

(7)一种所有学生都认真学习的课堂。

(8)一个所有学生都可以获得个性化教育的地方。

维基百科对"翻转课堂"的定义比较简单,描述为"翻转课堂是一种教学策略,是一种混合学习形式,它将传统课堂的活动与课下的活动颠倒。在课下学生观看讲座内容、在线讨论或者开展调查研究,而在课堂上与教师进行深层次的讨论"。

我国著名的教育技术专家何克抗教授指出,我国学者在 2000 年开始的跨越式教学改革与翻转课堂有许多类似之处,且更加适合中国国情。他认为,"翻转课堂"和"跨越式教学改革"都非常重视"教师""学生""教学内容"和"教学媒体"四要素,都实现了"课堂教学结构"的根本变革。

结合上述观点,我们认为:①翻转课堂是通过加强课下的学习活动并相应改变课堂教学活动,通过课前的自学、课中的翻转和课后复习三个环节,实现深度学习和适应学生个性化发展需要的课堂教学形式。其中,课下的学习活动可以采用在线学习或非在线学习方式,但在线学习方式具有能够记录和管理学习情况等功能,有更显著的优势。②在课下的自学活动中,学生首次接触学习内容,在课上再通过翻转课堂活动促进学习内容的迁移和内化。③当采用在线学习作为课下环节而课上采用翻转课堂时,这样的学习就是一种混合学习;而当线上学习为 MOOC 课程时,这样的学习就是基于 MOOC 的混合学习。④翻转课堂更适合大学生的学分课程,但对于任何课程,都可以在部分内容中采用翻转课堂的方式进行教学。关于一门课程是完全采用翻转方式还是部分翻转的方式,需要根据课程内容、学生的特点等因素进行综合考虑。

相对于翻转课堂,还有一种更易于实施的课堂形式,我们将其称为"混合课堂"。不同于翻转课堂,在混合课堂上教师可能带领学生学习新课内容。例如,45 分钟的课堂,课前并不要求学生自学或要求自学但学生未能完成,这时教师会在课堂上讲授课程的重难点内容。教师当堂安排测试、作业(个人或小组)和讨论等环节,较为容易的内容安排学生课后自学。课堂上测试的内容为刚刚讲解的内容,测试成绩可以不计入课程总成绩;如果为阶段性测试(如对本章内容的测试、期中测试或期末测试),则测试成绩建议计入课程总成绩。这样的课堂由于在课上初次接触课程内容,因此不再是标准的"翻转课堂",但是借鉴了翻转课堂的思想,也适合学生未能很好完成自学任务的情况,所以具有更大的灵活性,同样有可能获得较好的教学效果。

我们以"课下""课上"为观测点,从活动和感受两个方面对比翻转课堂和传统课堂,来进一步观察翻转课堂带来的改变,如表 6-5 所示。

表 6-5 翻转课堂与传统课堂的对比

观测点	翻转课堂				传统课堂			
	教师活动	教师感受	学生活动	学生感受	教师活动	教师感受	学生活动	学生感受
课下	组织线上资源和活动、设计翻转课堂活动、收集线上学习信息	任务较重	学习指定资源，进行线上讨论、测验	有压力	熟悉教学内容、制作教学课件	任务量适中	建议预习，但其实可以什么也不做	没有压力
课上	针对性地讲解学生理解困难的内容、组织讨论等交互活动等	从容不迫，有更多时间关注学生	听讲、答题、回答提问、参与小组活动	大部分时间不得不参与；教师注意力主要在学生身上，有压力	讲解全部内容，有少量的课堂测试和讨论	赶进度，没有足够时间关注学生	积极学生大部分时间主动参与；被动学生随时可能游离于课堂之外	教师注意力主要在课堂内容上，没有压力

通过上述分析，我们认为翻转课堂与传统课堂相比可总结为"三变"和"两不变"。"三变"是指课堂上师生角色的变化——教师为主体转变为学生为主体；课堂任务的变化——从讲授知识转变为促进知识的深入理解；课堂环境的变化——软硬件环境的支持才能有效开展翻转的活动。"两不变"则指在课堂上开展的活动类型是相通的，即翻转课堂上开展的很多活动与传统课堂相同，如测试、讨论等。在一门课最初转变为翻转课堂模式时，教师的工作总量是增加的，但是当课程多次开设后，平均每门课的时间投入将逐渐降低，特别是采用多校合作共建共享的方式，教师的平均工作量可能会低于传统教学。

二、翻转课堂的活动形式

翻转课堂上究竟应该开展哪些学习活动？教师是否不再需要任何讲解而改为组织讨论、答疑解惑、课堂测试呢？实践表明，即使教学视频等学习资源质量很好，教师在课堂上仍然需要讲解，如讲解重难点、讲解出错多的习题和测试等。只是讲解在课堂中所占的比例较低，一般不超过一半的课堂时间。

为了便于教师实施，我们建议可将翻转课堂中的教学活动分为面向个人和面向小组的八个类型，每种活动的开展均应设置相应的内容与策略，包括在线学习统计及反馈、提问与答疑、重点讲解、课堂测验、作品展示、小组作业、小组讨论、同伴互评等，如表6-6所示。值得注意的是，每次翻转课堂只需要根据具体情况选择部分小组活动和个人活动，无须也难以开展全部的活动。

表 6-6　翻转课堂的活动类型及实施策略

活动类型	活动形式	活动内容及实施策略
面向学生个人的活动	在线学习情况反馈	教师反馈学习平台中学生观看视频、测验、作业、讨论、学习排名等情况
	提问与答疑	策略1：教师提问学生并进行评价，成绩计入个人分数及所在小组得分 策略2：学生提出问题，学生间进行抢答。教师进行正确性评价，提问者及正确回答者均计入个人成绩
	重点讲解	讲解重点、难点，如学生讨论较多、答题错误较多的内容 策略1：教师讲解或演示 策略2：学生讲解或演示，学生的表现计入个人及小组成绩
	课堂测验	针对重难点的10题左右的测试，成绩当堂评出 策略1：在线测试、自动评分 策略2：纸质测试、同伴互评
	作品展示	策略1：展示当堂完成的小组或个人作业，师生共同评价 策略2：展示课前完成的作品，学生在学习平台中互评，得分计入成绩

续表

活动类型	活动形式	活动内容及实施策略
面向学习小组的活动	小组作业	将学生分成小组,以小组为单位,在规定时间内完成任务,当堂进行评讲。得分计入小组成绩 策略1:基于软件的同伴互评 策略2:教师公布评价标准并进行评分
	小组讨论	教师课前布置讨论任务并将学生分组进行讨论或辩论。教师进行评价,得分计入小组成绩
	同伴互评	教师给出评分标准,学生之间互相评阅作业,得分计入个人成绩 策略1:基于软件的互评 策略2:手工互评

结合表6-6和表6-5,从传播学的角度看,传统课堂像是以教师为主的信息传播活动,学生大部分时间为接受者,只在很少时间内会在提问等活动中变为传播者向教师传播"掌握得如何"的信息。而翻转课堂更像是以学生为主的信息传播活动,通过测试、讨论、小组作业等活动向教师传播"掌握得如何"的信息。

三、翻转课堂与传统课堂的对比

对比传统课堂和翻转课堂,我们可以发现教师和学生的角色都发生了改变,教师不再是传统的主讲者,而是全面了解课程内容、了解学生和主导课堂的中心。但在教学方法上,翻转课堂和传统课堂并无显著差异。表6-7列出了传统课堂中的教学方法及其适应性。可以发现,传统教学方法包括讲授法、演示法、谈话法、讨论法、练习法和实验法。只是在实际的课堂教学中老师们普遍选择了讲授、演示这样的方法;在习题课上通常采用练习法,但更多的还是在讲解习题;在实验课中,才会采用实验法;讨论法、谈话法等很少会被采用。

在前文中,我们讨论了翻转课堂中可以开展的活动,这些活动的特点是都需要学生参与,如提问、测验、讨论、汇报等。同时,由于学生在这些活动中都有表现,需要答题、思考、发表观点等,这些活动有的直接可以得出分数,有的则可以由教师或同伴给出评级,分数或等级均可以计入课程成绩。而在传统课堂中,大部分时间是教师在教授,少数学生被提问,很难对学生的课堂表现进行评价。因此,在激励和评价机制的作用下,翻转课堂上学生就"活"起来了,教师并不需要时时刻刻讲解,自然也不会围着讲台活动,而是会出现在任何学生面前,这样教室也就"活"起来了。课堂上的学生和老师都"活"了,课堂就"活"了,学生的积极参与将获得更好的学习效果。

表 6-7　传统课堂教学方法与不同教学目标的适应性

教学方法	教学目标									
	记忆事实	记忆概念	记忆程序	记忆原理	运用概念	运用程序	运用原理	发现概念	发现程序	发现原理
讲授法	△	★	○	★	★	○	□	□	○	□
演示法	★	○	○	○	○	○	○	○	★	○
谈话法	△	★	○	★	★	○	□	○	○	○
讨论法	□	△	□	○	★	□	★	○	△	○
练习法	○	□	★	★	□	★	□	△	○	△
实验法	★	△	□	○	△	★	□	○	○	★

图例说明:★最好;○较好;△一般;□不定。

在实际教学活动中,绝大多数教师都采用讲授法,但讲授法并不符合人的认知规律——人们很难长时期保持高度注意力,因此讲授法常常令人乏味,主动性不够的学生的学习效果不佳。对于应用型高校而言,大部分学生的学习主动性不够,又缺乏自主学习的能力,因此学习效果不佳。为什么教师明明知道单纯的讲授法效果不佳,却不愿意采用多种教学方法来改善呢?分析其原因,一方面,因为讲授是最有效率的方式,课程能够保证进度;另一方面,讲授方式是教师最熟悉的方式,这种方式伴随了教师自己的学习经历,是最自然的、最方便的方式——教师自己主导、无人打扰,只要按照原来的设计讲解即可,因此讲授法高效而易行。

在批评讲授法的同时,我们也发现,如果是同一位优秀的教师,对教学内容非常熟悉,对传统教学方法非常熟悉,具有高超的语言艺术和个人魅力,且教学内容为对抽象思维和实践训练要求较少的文史类知识,那么采用讲授法等传统教学方法依然能达到很好的教学效果。例如,北京师范大学的于丹教授、上海复旦大学的陈果老师等。然而,这样的老师非常之少,大部分老师即使对教学内容非常熟悉,也很难通过口头讲授就能达到很高的教学效果。对于操作实践性强的工科等类型课程,即使听懂了,却依然不会做。因此,结合课下的自主学习(如 MOOC 等线上学习形式)将帮助大部分老师达到更好的教学效果。在翻转课堂的课堂教学模式提出之初,一些学者为翻转的理念而激动欣喜,认为传统课堂的种种问题在翻转的课堂中将迎刃而解。但随着教学工作者的实践,翻转课堂的应用普遍有这样的观点——开展起来比传统课堂要复杂得多,与传统课堂教学相比教师要增加很多负担,翻转课堂仅适合于特定的课程内容和特定的对象等。

对大学生来说,是选择让名师出现在 MOOC 中,还是直接到实体课堂中教学呢? 经过调查,对于在校生而言,如果教师是优秀的,那么他们更喜欢教师在课堂上讲解,而在在线学习平台中开展测试、讨论等活动,如果课堂上没有听懂,再针对性地选择相关视频观看。或者,退一步而言,只要教师的专业水平和教学设计足够好——熟悉课程内容且教学过程及案例均有较好的设计,那么在课堂上采取传统的"先讲授新知识,再练习巩固"的方式,其效果可能并不比翻转课堂差,尤其是对于那些学习主动性强的学生。当然这一点还需要根据大量的教学实验结果进行分析。

然而在现实中,名师的数量毕竟有限,绝大多数学生在实体课堂上见到的是普通教师。如果学生明显感觉课程学习得不满意,那么采用线下学习配合翻转课堂就是一种自然的选择。那么,学生仅仅在 MOOC 平台上学习课程,其学习成效就能超过普通教师传统课堂的效果吗? 答案却是未必。传统课堂的仪式感让学生首先都会"身临课堂",教师教学水平高,学生才能"身心均入课堂"。相比较而言,对于 MOOC 的线上学习，如何让学生定期打开 MOOC 课程的网站，即"身临课堂"，已经非常不易；进一步地，如果没有实体课堂中的环境影响，全凭学生个人的主观自觉完成视频观看、测试等一系列任务，即实现"心在课堂"，更加不易。

综上，我们将关于翻转课堂的观点总结如下：

（1）无论对于学生还是老师而言，面对面的课堂都非常重要。统一时间的课堂教学具有高效率和较强的纪律性，所以课堂仍然是目前学习者的重要学习场所。课堂可以是理论课，也可以是实训场所。对于许多学生而言，尤其是未成年的学生而言，课堂是正式学习的活动，是不可缺席的，学生需要通过课堂与同学建立联系；对教师而言，课堂是体现教师威信的场所——演讲的讲课形式给学生以威严的感觉，教师对内容的专业可以树立学术威信；课堂是建立师生感情的场所——师生的目光和语言交流促进师生的感情联系，如建立学生对教师的真实印象、拉近师生的距离、让学生在学习课程中感受到教师的期望和要求，而这些都是促进学习成效提升的重要因素。

（2）对于具有超高语言艺术和专业水平的教师而言，是否采用翻转课堂的方式对他们的课堂教学效果影响较小。但是，对于大多数应用型高校的教师和学生而言，通过采用翻转课堂来改革教学带来的影响却是巨大的，这些学校的老师和学生人数占据了整个高等教育的大多数。

（3）对于许多学习者而言，如果教师是优秀的，那么传统的教师讲解为主的课堂同样受欢迎。对于具有良好的自学能力和自我控制能力的学生而言，是否采用翻转课堂等教学方式对他们的学习成效影响相对较小。

四、翻转课堂的成功要素

翻转课堂的成功开展需要教师不仅对教学内容非常熟悉——不怕学生提问，还需要较好的课堂组织能力——能组织学生跟着自己设计的路线走。然而，对于一名新教师或者初次担任课程教学的教师而言,普遍面临课堂组织能力不足的问题,在课堂上更多关注的是如何将课程内容讲解清楚,成功开展翻转课堂有一定难度。因此,需要学校组织对教师进行翻转课堂教学设计的培训,培训本身可以采用翻转的形式进行,要求老师学习翻转课堂的相关资料,如北京师范大学汪琼老师的"翻转课堂"MOOC。学校可以组织翻转课堂的示范课、以微格训练等方式进行实际训练、组织教师开展研讨等。

翻转课堂的成功开展还需要学生理解活动开展的背景和意义。如果教师不向学生说明情况,学生可能不一定理解,不理解就可能不配合,甚至认为是教师偷懒的一种托词。

此外,还需要教室中软硬件的支持,班级的编排等方面也需要相应地调整,最后学校还应有相应的政策支持。

我国教学资源相对不足,绝大多数学生从学前教育到大学教育,都在人数较多的班级中学习,加上教师普遍采用讲授式并要求学生课堂上安静听讲、遵守纪律,这样当学生进入大学时,已经形成了课堂上"安静听讲"的习惯,这可能是影响翻转课堂效果的重要因素。所以在进行课堂活动设计时,如"学生提问"等活动可以设计为通过学习平台、弹幕等方式提问,而不是让学生在同学的"众目睽睽"下站起来提问。

翻转课堂不需要也很难在所有课程中进行。翻转课堂需要学生在"翻转"之前就学习了相关内容,学习方式可以是学生个人独立学习或者小组合作进行学习;可以是阅读书本,也可以是观看学习平台中的视频等资料。书本、视频等学习资料的内容和形式应能吸引学生,这样才能让学生较好地完成课前学习的任务。然而,调查发现,即使一个学期仅一门课程采用基于MOOC的混合教学改革,即要求学生每周提前学习课程的学习资料,学生也依然觉得压力较大。可以想象,如果每一门课都按照这样的方式进行学习,对学生而言,要完成自学任务具有较大的挑战。因此,在实际应用中,更为可行的方式是,在课程中选择部分章节进行"翻转",让学生课前学习这些内容,在课堂上开展翻转课堂的活动,作为翻转课堂的内容应该是课程的重点或难点内容。

第四节 翻转课堂的教学设计

为了有效实施翻转课堂,首先需要进一步厘清翻转课堂中教与学是如何发生的,基于翻转课堂课前的任务设计、课堂活动设计以及教师与学生角色等维度,研究如何设计才能更好地发挥翻转课堂优势和避免劣势,对于利用哪些策略能够辅助翻转课堂的实施等问题进行深入思考与探究。传统课堂一次课的教学设计包括四个步骤,如图6-7所示。教学设计是教师在课堂开始前对教学内容、学习对象进行全面设计的活动。第一步是"前期分析",根据学生的学习基础和学习特征确定本讲的教学内容;第二步是"教学目标设计",清晰地描述本次课完成后要达到的教学目标,包括知识、技能和态度(或情感)三个方面,当然有时某一次课可能只涉及其中一个或两个方面;第三步是"教学策略设计",包括本次课的教学内容按什么顺序讲解、教学活动的程序、组织形式(班级授课还是小组学习等)、教学方法(讲授法还是讨论法等)、教学媒体(板书还是多媒体等);第四步为"教学评价",包括课堂中对学生活动的评价方法(主观判断或设计试卷等进行评价等)。

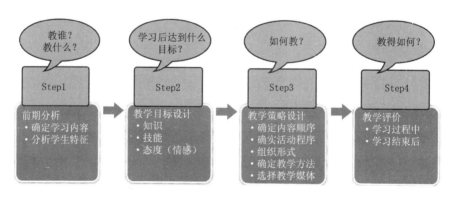

图6-7 传统课堂的教学设计步骤

参考传统课堂的教学设计步骤,我们将翻转课堂的教学过程表述为图 6-8。翻转课堂活动分为课前、课中和课后三个环节,由于"课后"也是下一次课的"课前"(最后一次课除外),因此我们将课后的"总结上次课堂"活动纳入"课前"中。我们假定线上学习的资源在某次课前已经完成,因此在图 6-8 中不包括线上资源的制作等工作。开展课中活动前,教师根据课前的准备制作教学课件供翻转课堂使用,该课件根据翻转活动的安排进行内容组织。

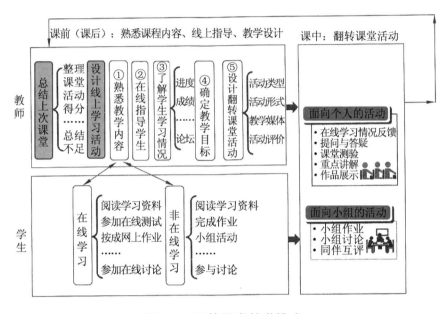

图 6-8 翻转课堂教学模式

翻转课堂开始前(课前),教师首先需要总结上次课堂,包括整理课堂活动的记分、总结存在的不足等,然后设计近期的线上学习活动(线上学习活动可能在开课前已经全部设计好了,但实际教学中可能需要进行调整);其次是熟悉教学内容、在线指导学生(在线学习或非在线学习)并收集学生学习的情况;最后,根据教学进度中本次课的目标和学生的学习情况,确定教学目标并设计具体的翻转课堂活动(包括活动类型是小组活动还是个人活动、具体活动类型、采用什么媒体、如何评价每种活动中学生的表现等)。学生则根据教师的要求开展在线学习或者其他非在线的学习形式。

翻转课堂开始后(课中),教师和学生共处翻转课堂,通过面向个人或面向小组的活动达到课程教学目标。

一、课前——教学设计

对于基于 MOOC 的混合学习,学生在完成线上学习后,课堂上不应该仍采用传统的、以教师为主体的教学方式,而是在课堂教学中开展全部翻转课堂教学活动。具体的活动已经在前面进行了说明。

教师的准备工作为需要收集学生的有关学习数据并基于这些数据进行翻转课堂的设计。如果需要了解学生线上活动的完成情况,可通过学习平台中的视频观看情况、作业提交率、测验完成率等获得相关数据。哪些知识点学生掌握得不好,可通过测试中哪些题目的错误率高、讨论区中学生关注的问题等来了解。

学生学习情况的数据直接决定了翻转课堂上适合开展的活动。例如,如果大多数学生没有及时完成第 3 章的学习任务,则翻转课堂上就不能开展第 3 章的在线测试等活动。确定开展的活动后,还需要思考开展活动需要哪些环境的支持,需要学生提前做哪些准备。

学生的准备工作包括:在翻转课堂开展前需要完成哪些任务?通常需要完成视频的观看、参考资料的阅读。是否要将有关材料、计算机、手机等带到课堂?这些教师都应提前明确地告诉给学生。

二、课中——教学设计方案的实施

翻转课堂的教学过程应包括哪几个阶段呢?

参考加涅的九步教学活动程序和 Robert Talbert 教授的翻转课堂实施模型,我们将翻转课堂上的教学过程分为导入、学习指导与评价、总结 3 个阶段。

(一)导入阶段

简要介绍本次翻转课堂的各项活动及有关要求等。

(二)学习指导与评价阶段

该环节是翻转课堂活动的核心,包括面向个人和面向小组的活动。其中,面向个人的活动包括课堂测验、重点提示、提问和答疑、学习情况反馈;面向小组的活动包括作品展示、小组作业、小组讨论、同伴互评。一次课堂教学很难实施全部的活动,一般选择2~3种个人活动和1~2种小组活动。每种活动在设计时均应考虑效果评价、时间长短、教学媒体运营、与哪些重难点相关等。

(三)总结阶段

公布本次翻转课堂活动中个人及小组的得分情况。布置下一次翻转课堂的有关活动和要求,如小组作业、讨论议题等。

三、实践训练课堂的活动设计

鉴于许多课程具有实践操作内容,因此线下学习环节中除了理论课,还有实验课等实践训练环节。在混合学习环境下,实践训练内容可以发布在学习平台,具体实验操作和训练在实验室中进行。部分实验实训也可以通过在线虚拟仿真软件在线上完成。

如果 MOOC 视频内容中已经包括了实验操作的讲解,则在实验课上的活动为:学生自行操作练习;针对实践内容的小测试,教师辅导学生实践;教师根据学生实践情况进行表扬和针对性指导。如果 MOOC 视频中未涉及实验操作,则教师需要对实验中的重难点、注意事项等进行讲解,然后学生按照实验内容进行操作练习。

根据课程实际情况,在学习平台中可以仅将实训项目发布出来,实验的活动及评价在线下完成,但这样课程的成绩就分散在多个环节中,不利于成绩的汇总和学生的评价。因此,一种建议的方式是将实验训练设置为作业,要求学生将实验作品以文件提交,再进行评分。此外,还可以将综合的设计型实验设置为竞赛,评分后对每次竞赛的优秀学生予以奖励,以赛促学。在实体的实验室课上也可以安排耗时短的小测试,反馈学生的学习进展等,如表 6-8 所示。配合虚拟仿真实验平台等软件,还可在线完成实验,并能自动评分。

表 6-8　实践训练环节的活动类型及实施策略

活动形式	活动内容及评价策略
教师讲解实验内容	教师讲解或演示,并通过实验室管理软件将教师屏幕发送到所有学生计算机屏幕 时间一般不超过实践环节用时的 1/5 评价策略:讲解与演示清晰,重点突出
学生测试	安排 5～10 分钟的在线测试 评价策略:系统自动评分
学生操作练习	教师主动发现有困难的学生并给予指导。同时要求学生先进行小组讨论,仍无法解决的再向老师寻求帮助 策略 1:下课前完成 策略 2:下课后可继续完成
学习情况反馈	教师与学习进度慢的同学个别谈话,给予警示和鼓励
课内竞赛	学生练习完成后,将实验相关文档发给教师评分

第五节　政策和条件支持

翻转课堂的成功实施需要多方面的支持,包括学校的政策引导、教学软硬件环境的调整、班级规模的调整,以及课堂中学习形式的调整。

一、政策的支持

教师是教学的主导者、设计者,需要投入大量精力。然而,相对于科研工作,课程改革投入产出周期长、对教师的晋升等作用也相对较小,对广大教师而言吸引力并不高。因此,只有学校出台相应政策,才能够鼓励老师投入精力建设和应用 MOOC,并开展混合教学改革。实践表明,采取了有效激励措施的高校,其课程建设的成效显著高于其他高校。爱课程平台为我国教育部托管运营的平台,在该平台中发布课程需要经过较为严格的筛选,这次评选中 65% 的课程均发布在爱课程平台上。深圳大学积极组织成立了优课联盟并建设了相关 MOOC,专门成立了公司运营 UMOOC 联盟,并安排学校专人负责公司的运营,在这次评选中有 3 门课程获批,为非爱课程平台中获批门次最多的平台。

在混合教学改革中,学校可从以下三方面提供政策支持。

(一)晋升条款的支持

在职称评审中对开展 MOOC 成效突出的教师给予相关政策倾斜,其引导和激励作用最为显著。

(二)课程实施经费的支持

通过增加课程的课时来体现对教师教学改革中投入的智力和体力的认可,包括对课程教学活动的重新设计、线上答疑、作业批改、调查问卷及课程数据分析等工作。学校教学主管部门可以设计一个明确的评价标准,对于达到"优秀"等级改革效果的课程按照某个系数来核算,对于达到"良好"等级改革效果的课程按照降低一档核算,以此类推,这样就能充分鼓励教师们积极参与课程改革。

(三)立项支持

如果课程改革所用的 MOOC 课程资源也是老师们自己设计、出镜拍摄或者参与设计和制作的,学校还应另行给予相关支持。例如,可以与"教学质量工程"等项目相结合,将课程建设为校级、省级 MOOC 课程等,以项目形式给予经费支持。

二、基本环境的要求

学习空间不仅包括线下的实体教室、实验室等学习场所,还包括虚拟的线上学习空间。成功开展混合学习也需要重设学习空间,虚拟的软件平台需要增加功能并根据课程需求调整设置,实体的教室则需要改变形态并增加软硬件。

(一)教室

翻转课堂的活动需要教室的硬件设备和设施的支持,也需要软件系统的支持,通常包括如下环境要求。

1.基本环境

教室环境整洁,教室面积以容纳 50～60 人为宜,教室为移动学习设备提供充电设施,如在课桌上安装好电源插座,以便手机和笔记本计算机能及时充电。教室应提供无线网络,为学生自带设备提供基本的上网服务,从而进行课堂交互学习,如回答问题、表达观点、课堂测试等。

2.计算机

经费充足的情况下,可以配置笔记本计算机或掌上计算机。对于高校学生而言,笔记本计算机已经基本普及,因此也可以不配置,由学生携带个人计算机来上课。根据课程的特点,可以是笔记本,也可以是手机。美国新媒体联盟发布的 2016 年地平线报告中提出 BYOD(Bring Your Own Device)是流行的趋势。实际上,由于发达国家的大学课堂氛围较为宽松,几年前学生携带计算机上课已是常态。

3.桌椅

课桌椅舒适,可以自由移动和组合,既可以排列成传统的教室,也可自由拼组成不同的形状,以适合于小组学习等互动活动,如拼成圆桌、五角桌等形式。常见的桌子形状为梯形四边桌,可以拼合形成十多种桌子形式,如图 6-9 所示。

图 6-9　自由移动的桌椅

4. 投影等展示设备

教室内安装交互式显示设备,如电子白板、触摸一体机等,能展示师生的交流信息,如图 6-10 所示。投影设备可自由移动,能设置内容的显示范围,如仅显示在个人计算机上、显示在小组的每位成员计算机上(或供该小组使用的大屏展示设备上)、显示在全体学生的计算机上等。例如,可设置在所有显示设备上,显示所有人对某一个问题的意见、某个测试题的答案分布等。根据小组学习的需要,可在教室的 2~3 面墙壁上安装显示设备,或通过软件直接显示在学生的个人计算机上。

图 6-10　教室中的投影展示设备

5. 软件

这包括学习软件和教室控制软件。学习软件能将教室中的学习活动与线上的学习活动相结合,如软件中可以看到线上学习的数据,也能开展线下活动并得到相关数据。基于学习软件能够开展相关学习活动,如小组讨论、小组汇报、课堂问答、课堂测试等。教室控制软件则可以设置教室中的大屏展示设备的权限等。学习软件和教室控制软件的功能如能集成则更有助于教师的使用。此外,更重要的是,有一套软件系统支持开展课堂教学活动,且该软件是在线学习平台的一部分,或者至少将课堂教学活动的数据与在线学习平台互通。软件中可以开展的课堂活动包括点名、分发小组任务、检查/展示/回收小组作业、课堂测验、课堂调查、课堂反馈等。学习软件应提供可方便在手持设备和桌面计算机上访问的学习软件,且两者的数据内容完全一致。

(二)实验室

除了提供正常的实验设备外,也应提供有线和无线网络供学生使用。实验室的环境也是适合学生讨论的形式,如图 6-11 所示。实验室内应提供必要的展示设备,如投影或电子白板等。此外,还应根据需要提供实验过程指导的视频或图文资料。

图 6-11　适合学生研讨的实验室环境

三、班级规模的调整

教师和学生的交互、学生之间的互动增多。如果班级的人数众多,在开展小组讨论时,课堂会非常嘈杂,教师很难对课堂进行有效控制。即使有多个助教在课堂上协助,多个小组或者每个小组的人数过多时,都将造成讨论不充分,或者交流和检查讨论结果需要太多时间。人数多时,每个学生在课堂上表现的机会将减少,学生参与的积极性也会下降。因此,对于混合学习的课堂教学环节,人数不宜过多,50 人左右为宜。小组学习的人数以 3~5 人为宜。

四、课堂学习形式的调整

在传统课堂中,课堂与学术报告的现场类似——教师主讲,学生逐排落座;教师通常不希望有学生使用手机等"低头行为",希望学生抬头听讲。当前,一些高校开展"无手机课堂"的活动,认为学生普遍在课堂上使用手机,影响了课堂教学质量。实际上,当前的手机已经兼具手表、计算机、钱包、证件等多种复杂功能,普通大众对手机已经产生了依赖。作为"数字原住民"的当代大学生更是难以离开手机片刻,尤其当课堂教学缺乏吸引或压力等时,学生低头拨弄手机是再自然不过的行为。充分利用学生对手机的"依恋之情",在课堂中开展基于手机的学习活动十分有价值。

在翻转课堂中,由于教室的环境发生了变化以及师生角色的变化,课堂的活动要求学生之间、学生和老师之间进行互动,因此计算机是最常使用的设备。手机本身就是一台微型计算机,随着技术的发展,安装了相关软件的智能手机已经能够完成多种功能。所以首先要允许学生自带设备到教室,包括手机、Pad、笔记本计算机等,要允许教师和学生在课堂中使用手机。在翻转课堂中利用手机等移动设备开展的课堂活动主要有如下形式:

(1)使用手机进行点名签到。有的网络学习平台提供点名功能,该功能利用手机的GPS定位功能或借助特定感应设备,自动感应到上课学生的手机从而进行签到计数。也可以由教师在学习软件中进行点名,这样的点名方式不仅节省时间,还能够自动将每次点名数据进行统计,计入课程成绩。

(2)可以利用手机及时记录学生的上课表现。记录在出勤的学生中哪些积极参与、哪些心猿意马;教师可以通过"高质参与""积极参与""一般参与""不参与"等分级标记,这些级别也将折合为分数后计入课程成绩。

(3)开展课堂测试。在课堂中选择一段时间——例如,学生容易疲惫的时间段(一节课的中间)——进行测试;统一开始测试,统一结束测试。测试完成后,及时通过手机、大屏的显示设备显示测试结果。

(4)学生开展现场小组讨论,教师听取小组汇报。学生以小组为单位进行讨论,讨论的内容可以发布在供本小组使用的大屏显示设备上,也可以选择仅在本小组的笔记本计算机上显示等。

（5）学生可以现场反馈自己的听课感受或提出建议和意见。学生可以提问,提问的内容可以在老师的手机上或教室的大屏显示设备中展现;学生在大屏展示时可以匿名,方便学生踊跃提问。学生也可以将自己的感受（如讲得太好了、听懂了、没听懂等）及时反馈到大屏或学习平台上;同样地,学生可以选择匿名或真名发表。课堂反馈可以以类似"弹幕"的形式显示在指定的设备上。

第七章

混合式教学有效性评价与分析

　　本章以 68 门课程为评价对象,采取课堂听课和网络观课互补的方式,探讨评价指标的实际操作性。根据 专家评价结果,鉴别出有效的混合式教学课程。通过评价数据分析、课堂教学效果观察、在线学习行为分析、学生成绩分析和学生综合能力与素质调查等,对混合式教学有效性做出价值判断,并系统描述混合式教学有效性特征。通过与非混合式教学对比,分析混合式教学的优势和不足,并构建混合式教学有效性因素构成模型。

第一节　评价过程

一、评价对象

　　以学校立项建设,并且在某学年开课的 68 门混合式教学改革课程为评价对象。课程覆盖工学、理学、文学、教育学、法学、管理学、艺术学、哲学八个学科,覆盖通识必修、通识选修、学科基础、专业必修、专业限选和实践环节六种课程类型。课程分布如图 7-1 所示。

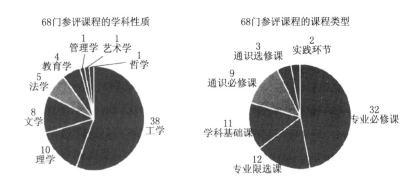

图 7-1　68 门课程的学科性质和课程类型

二、课堂与在线教学环境

68 门课程中,既有理论课程,也有理论和实验结合的课程,还有以动手操作为主的实验课程,如动物生物学实验(A)、化工工艺实验(A)和以设计为主的实践环节课程,如铸造技术 CAD 课程设计(A)、控制性详细规划原理与设计课程设计(A)。无论理论课、实验课,还是设计课,都离不开用于教师集中指导和学生学习的场所,因此,本研究中的"课堂"指的是教师组织集体教学时所在的物理意义上的教室,不仅包含普通教室课堂,还包含实验室课堂和课程设计课堂。

在线教学环境采用的是"清华教育在线"网络教学综合平台。该网络教学综合平台集成了课程基本信息发布、资源管理、学生管理、作业管理、试题试卷库管理、在线测验、在线讨论、教学笔记、微课教学、师生行为统计分析、研究性教学、课程观摩、协同备课、专家评价,以及基于 App 客户端的"移动学习"等功能。

三、评价实施过程

(一)评价标准解读

为方便专家和教师加深对混合式教学有效性专家评价指标内涵的理解,统一评价的尺度,提高评价的准确度,笔者委托七位有丰富混合式教学经验的一线教师,分别撰写了对指标体系的标准解读。

在汇总、分析教师意见的基础上,确定各项评价指标的标准解读以及评价的方法。

(二)编制课堂教学观察量表

某高校学校教学名师拟定了"混合式教学课堂观察记录表",以此为基础,并参考李营的《课堂观察量表设计中的偏失及改进策略》、崔允漷的《论课堂观察 LICC 范式:一种专业的听评课》、杨玉东的《"课堂观察"的回顾、反思与建构》以及"山东理工大学听课记录表"等文献资料,确定了本研究所需的"混合式教学课堂观察记录表"。记录表内除了课程基本信息,还包含时间、知识点、教师行为、学生行为和评价反思五部分主体内容。

(三)组织混合式教学"精彩一课"

某高校历时 14 周,完成混合式教学"精彩一课"的听课和评课。

1.授课准备

教师根据课程授课进度(可以是非试点立项课程),自主选择一节课程内容进行听课申报,并提供上课时间及地点。

2.听课教师

听课教师由三部分人员构成:专家、授课教师和特邀教师。其中,专家是教育技术中心的三位老师,包含研究者本人;特邀教师是研究者邀请的部分学校教学名师、分管教学的院长和具有丰富混合式教学经验的一线老师,共十一位。

3.听课形式

专家参加所有课程的听、评课,至少保证每次课有一位专家听课;授课教师和特邀教师利用开发的网络选课系统,自由选择听课课程,每人至少选择两门课程。每门课程至少保证有两位听课教师,自由选课不足两人的,由研究者安排特邀教师参加听课。

4.评价构成

评价由三部分组成:专家评价、教师评价(含教师互评和特邀教师评价)、学生评价。其中,专家评价和教师评价采用混合式教学有效性专家评价指标体系,学生评价采用混合式教学学生评价指标体系。

5.课堂记录

授课教师和听课教师事先熟悉"评价指标体系"与"评价标准解读"。听课专家和教师根据授课教师的上课情况,在"课堂观察记录表"做好课堂记录,不做当堂评价,需要课后查阅"网络教学平台内课程信息化建设应用",然后,综合"线上线下"混合教学情况后,填写"评价表"。

6.网络观课

听课专家和教师,以学生身份登录"精彩一课"的课程网络空间,以学生的视角查看该课程的在线建设应用情况,包括教师提供的课程信息、教学资源、学习活动和师生互动等。

7.回收资料

活动结束后,收集所有专家和听课教师的"评价表"和"课堂观察记录表"。

(四)组织学生评价

首先,将混合式教学有效性学生评价指标转换成调查问卷的形式。

其次,请授课老师将问卷发布到网络教学平台的"问卷调查",并组织学生在规定时间内完成调查。

最后,从网络教学平台系统管理端下载学生问卷结果。

第二节 专家评价与学生评价结果分析

一、评价数据整理

(一)专家与教师评价数据处理

被听课的 68 门课程共计回收"评价表"277 份,其中有效评价 275

份(一份没有打分,另一份过了统计时间)。汇总处理数据之后,每位参与"精彩一课"活动的老师有专家评价、教师评价和学生评价三项指标。

对评价量表中的"非常符合""比较符合""一般""不符合""非常不符合"选项,分别赋值"5""4""3""2""1"。

对评价量表中的信息进行数字化处理,并根据授课教师姓名补充教师的性别、年龄、学科科类及职称信息。根据授课教师姓名区分专家评价与教师评价,将专家评价与教师评价分开保存、分组处理。当专家人数不唯一时,取专家评价的均值,保留两位小数;同样,取教师评价的均值,保留两位小数。

(二)学生评价数据处理

第一,从网络教学平台中对应授课教师的课程中下载学生调查问卷详细数据(Excel 格式)。

第二,将每位教师的调查问卷数据合并,将调查问卷中的 A、B、C、D、E 选项替换为 5、4、3、2、1 分值。

第三,将问卷中的错误数据删除。

第四,在问卷中增加授课教师信息,包括姓名、教务工号和课程代码。

(三)评价体系的权重分配

本书采用差异系数法,给专家、教师和学生评价赋权。各指标的差异系数为:

$$CV = \frac{\sigma_i}{\overline{X}}$$

式中,σ_i 为第 i 项指标的标准差,$\overline{X}$ 为第 i 项指标的均值。

各指标的权重为:

$$\omega_i = \frac{CV_i}{\sum_{i=1}^{3} CV_i}$$

据此,得到评估体系权重系数表,见表 7-1。

表 7-1 评估体系权重系数

评价方案	均值 $\overline{X}$	方差 σ_i^2	标准差 σ_i	变异系数 CV_i	权重 ω_i
专家评分	3.8315	0.294	0.5422	0.141511158	0.525
教师评分	4.4829	0.129	0.35901	0.08008432	0.297
学生评分	4.3741	0.044	0.21046	0.048115041	0.178

根据搜集到的资料及以往的经验,在以上统计数据产生的权重 ω_i 基础上进行调整,适当增加学生评价的权重。最后,给出不同评价下的权重如下:专家评分的权重为 0.4,教师评分的权重为 0.3,学生评分的权重为 0.3。

二、评价得分分析

专家评分由之前得出的各指标的权重对各指标进行加权得到,相应地,也可以得到教师评分和学生评分。根据构建的权重得出综合评价下的授课教师得分,具体见表 7-2。

表 7-2 课程综合评价分数

教师	课程代码	专家评分	教师评分	学生评分	总得分
教师 1	B12056	3.45	4.24	4.59	4.03
教师 2	H12004	2.32	3.52	4.65	3.38
教师 3	J12034	3.38	4.11	4.62	3.97
教师 4	T12108	4.50	4.82	4.50	4.60
教师 5	P12227	3.43	3.49	4.43	3.75
教师 6	U12021	4.44	4.75	4.52	4.56
教师 7	G12067	4.25	4.47	4.37	4.35
教师 8	J12139	2.90	2.90	4.22	3.30

教师	课程代码	专家评分	教师评分	学生评分	总得分
教师 9	X12001	3.94	4.43	4.37	4.21
教师 10	K12034	4.07	4.62	4.29	4.30
教师 11	K12055	3.45	4.51	4.24	4.00
教师 12	E12001	3.96	4.48	4.16	4.18
教师 13	A12079	3.23	4.56	4.60	4.04
教师 14	E12019	4.18	4.60	4.27	4.33
教师 15	H12120	3.91	4.69	4.32	4.26
教师 16	F12014	3.39	4.63	4.02	3.95
教师 17	M12199	3.61	5.00	4.45	4.28
教师 18	D12071	4.31	4.77	4.33	4.45
教师 19	A12005	3.64	4.22	4.32	4.02
教师 20	J12004	2.60	4.38	4.07	3.58
教师 21	F13011	4.01	4.55	4.25	4.25
教师 22	E12137	4.11	4.23	3.89	4.08
教师 23	A12073	4.18	4.72	4.92	4.56
教师 24	400B01	4.45	4.33	4.23	4.35
教师 25	P12229	3.66	4.87	4.15	4.17
教师 26	402060	3.74	4.33	4.58	4.17
教师 27	K12034	3.81	4.63	4.45	4.25
教师 28	P12219	4.19	4.50	4.64	4.42

续表

教师	课程代码	专家评分	教师评分	学生评分	总得分
教师 29	400E13	4.47	4.46	4.40	4.45
教师 30	M12045	4.28	4.79	4.38	4.46
教师 31	J12007	4.54	4.73	3.94	4.42
教师 32	M12241	3.83	5.00	4.29	4.32
教师 33	D12070	4.69	4.64	4.37	4.58
教师 34	D12200	4.32	4.65	4.22	4.39
教师 35	B12140	3.69	4.34	4.58	4.15
教师 36	J12008	3.18	4.22	4.09	3.77
教师 37	G11076	3.80	4.33	3.97	4.01
教师 38	N12171	4.68	4.82	4.07	4.54
教师 39	E12177	2.65	4.43	4.76	3.82
教师 40	K12087	4.19	4.30	4.17	4.22
教师 41	A12002	3.23	4.49	4.34	3.94
教师 42	G92063	4.18	4.36	4.33	4.28
教师 43	U12148	4.46	4.73	4.83	4.65
教师 44	G12167	4.49	4.80	4.50	4.59
教师 45	402084	2.81	3.76	4.48	3.60
教师 46	B12067	3.97	4.78	4.45	4.36
教师 47	P12073	4.03	4.30	4.29	4.19
教师 48	F12142	3.65	4.57	4.33	4.13

续表

教师	课程代码	专家评分	教师评分	学生评分	总得分
教师 49	J12006	3.58	4.22	4.13	3.94
教师 50	M12013	4.20	4.78	4.47	4.45
教师 51	E12219	3.11	4.52	4.23	3.87
教师 52	M12198	3.49	4.84	4.53	4.21
教师 53	B12099	3.94	4.40	4.84	4.35
教师 54	K13002	4.04	4.86	4.37	4.38
教师 55	B12004	4.36	4.95	4.27	4.51
教师 56	E92003	3.51	4.74	4.70	4.24
教师 57	A12101	2.83	4.47	4.52	3.83
教师 58	N12167	3.84	4.60	4.22	4.18
教师 59	C12068	3.12	4.40	4.23	3.84
教师 60	E12001	4.24	4.24	4.49	4.31
教师 61	P12285	4.31	4.56	4.40	4.41
教师 62	D12012	4.44	4.41	4.54	4.46
教师 63	A12096	3.39	4.19	4.46	3.95
教师 64	R12165	3.42	4.81	4.22	4.08
教师 65	N12167	4.36	4.57	4.34	4.42
教师 66	B12098	3.96	4.00	4.38	4.10
教师 67	J12115	4.13	4.88	4.50	4.47
教师 68	C12020	4.02	4.55	4.36	4.28

三、专家评价角度有效性因素分析

根据分层聚类结果,笔者认为,专家聚类(X_1)得分最高($X_1=3$)的课程基本达到了混合式教学的目标,其教学模式可以被界定为混合式教学。此类课程共有 37 门,占总 68 门课程的 54.41%,其学科性质和课程类型分布如图 7-2 所示。

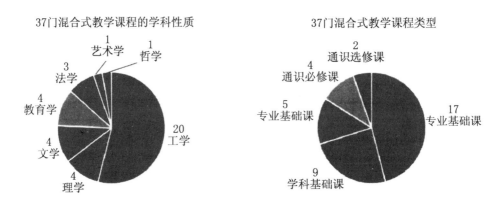

37门混合式教学课程的学科性质　　37门混合式教学课程类型

图 7-2　37 门课程的学科性质和类型分布

对于专家聚类(X_1)得分较高($X_1=2$)的课程,本研究认为其尚未达到混合式教学的目标,其教学模式可以界定为网络辅助教学。此类课程共有 25 门,占总共 68 门课程的 36.76%。

对于专家聚类(X_1)得分为较低($X_1=1$)的课程,本研究认为其虽然参与了混合式教学改革,基本课程信息和教学资源实现了网络化,但是其教学模式依然为传统的讲授型。此类课程共有 6 门,占总共 68 门课程的 8.82%。

基于专家打分,本研究对这 37 门界定为混合式教学的课程与另外两种类型的课程做比较分析。

从专家打分汇总数据中分别筛选按 X_1 聚类为 3、2、1 的课程,对每个打分指标求取平均值,按专家打分表中各个指标从高到低排序,得到结果如图 7-3 所示。

与聚类为 2 的网络辅助教学和聚类为 1 的传统教学相比,混合式教学在所有评价指标上得分都高。

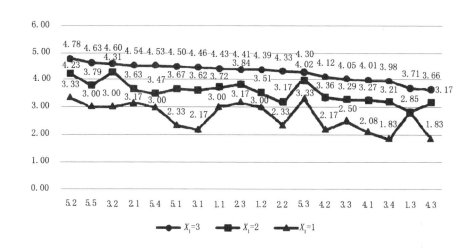

图 7-3　按 X_1 聚类专家打分各指标平均值

从各项指标的平均值可以看出,混合式教学评价得分较高的依次是:"5.2 课堂组织:课堂讲授思路清晰、深入浅出""5.5 课堂组织:注重启发和讨论,鼓励学生独立思考""3.2 学习资源:课件、教案等常规性教学资源更新及时""2.1 教学内容:围绕教学目标设计教学内容""5.4 课堂组织:教学环节把控合理,体现学生的主体地位""5.1 课堂组织:围绕课程重点、难点以及线上学习产生的问题,有针对性地安排授课内容""3.1 学习资源:网络教学平台内课程简介、课程标准、导学任务等基本信息完备""1.1 教学目标:体现'知识传授、能力培养、素质提升'的相互统一,但突出重点""2.3 教学内容:重视理论联系实际,设置有挑战度的内容,突出培养学生的实践能力和创新能力""1.2 教学目标:注重提高信息化环境下的学生自主学习能力和协作学习能力""2.2 教学内容:梳理知识点,明确学生自学为主的内容""5.3 课堂组织:有效应用现代信息技术""4.2 在线学习:对学生的线上学习任务和学生的问题给予及时的指导、评价和反馈""3.3 学习资源:试题(试卷)库、作业(作品)集等拓展性学习资源丰富""4.1 在线学习:组织学生利用网络教学平台开展线上学习,包括作业、测验、论坛、反思等"。

由此说明混合式教学有效性因素主要体现在以下方面:课堂讲授思路、启发式教学、常规性学习资源、教学内容与教学目标契合、课堂上学生主体地位、讲授内容的针对性、课程基本信息完备性、教学目标全面性、教学内容的应用性、自主学习能力、协作能力、自主学习内容的明确性、信息技术应用能力、在线师生互动、拓展性学习资源和在线学习活动。

另外,"1.3教学目标:各项教学目标明确、具体,难易适度,具有可测量指标""3.4学习资源:课程组教师共建共享教学资源"和"4.3在线学习:利用网络教学平台实现对学生日常学习情况的数据采集和分析,不断优化教学模式"三项指标分值低于目标值4分。由此说明,混合式教学在教学目标的测量性、教师之间教学资源共享和网络学习行为数据分析与应用方面的效果不佳。

为了进一步对混合式教学有效性进行分析,把以上因素按照李秉德提出的教学七要素进行归类,如表7-3所示。

表7-3　专家视角下有效性因素与教学要素对应

教学要素	评价标准序号	影响因素(专家评价角度)
教师	5.2	课堂讲授思路
教学方法	5.5	启发式教学
教学环境	3.2	常规性学习资源
教学内容	2.1	教学内容与教学目标契合
教师	5.4	课堂上学生主体地位
教学内容	5.1	内容的针对性

教学要素	评价标准序号	影响因素(专家评价角度)
教学环境	3.1	课程基本信息完备性
教学目的	1.1	教学目标全面性
教学内容	2.3	教学内容的应用性
学生	1.2	自主学习能力
学生	1.2	协作能力
教学内容	2.2	自主学习内容的明确性
教师	5.3	信息技术应用能力
教学反馈	4.2	在线师生互动
教学环境	3.3	拓展性学习资源
教学方法	4.1	在线学习活动
教学目的	1.3	教学目标测量性
教师	3.4	教学资源共享
教师	4.3	网络学习行为数据应用

为继续判断各教学要素和因素对混合式教学有效性产生的影响程度,本书对一级指标和二级标准进行回归分析。教学要素的分数为各相应因素的均值,有效性总指标的分数为各教学要素的均值。选取按专家评分聚类为"3"的各指标得分,考虑各指标的均值。利用多元线性回归模型计算各因素与所占指标之间的回归系数:

$$y = \beta_0 + \beta_i x_i + \cdots + \beta_{p-1} + \varepsilon$$

其中,y 为一级指标,x_i 为二级指标,β_i 为第 i 个指标的回归系数,表示指标 x_i 每变化一个单位,相应的一级指标变动 β_i。我们使用标准化以后的回归系数,具体见表 7-4。

表 7-4　专家视角下有效性因素回归分析

总指标	一级指标	回归系数 1	二级指标	回归系数 2
有效混合教学	教师	0.421	3.4	0.669
			4.3	0.535
			5.2	0.34
			5.3	0.378
			5.4	0.56
	学生	0.627	1.2	0.56
			1.4	0.734
	教学方法	0.405	4.1	0.738
			5.5	0.785
	教学环境	0.606	3.1	0.463
			3.2	0.363
			3.3	0.57
	教学内容	0.714	2.1	0.324
			2.2	0.484
			2.3	0.357
			5.1	0.4
	教学目的	0.515	1.1	0.52
			1.3	0.647
	教学反馈	0.441	4.2	1

为了直观地显示有效性与教学要素之间、教学要素与影响因素

之间的关系,建立专家视角下的混合式教学有效性因素构成模型,如图 7-4 所示。

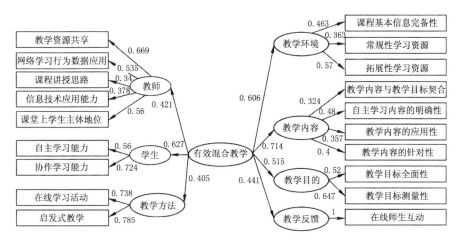

图 7-4　专家视角下混合式教学有效性因素构成模型

四、学生评价角度有效性因素分析

从学生打分汇总数据中分别筛选按 X_1 聚类为 3、2、1 的课程,将每个指标的打分取平均值,从高到低排序,得到结果如图 7-5 所示。

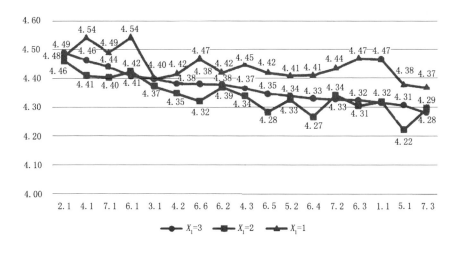

图 7-5　按 X_1 聚类学生打分各指标平均值

与 $X_1 = 2$ 的25门聚类课程相比,混合式教学除了在"6.1本门课程使我在这个领域积累了相关知识(概念、原理)、掌握了相关技能""6.2'网络和课堂'互补的方式,通过网络成绩占课程总成绩的比值,让我更加注重平时的学习,提高了自控力和学习积极性""5.2讨论、辩论、成果展示、翻转课堂、问题调研等活动丰富多样,活跃了课堂气氛,激发了我的学习积极性""7.2我对'网络和课堂'互补的学习方式非常满意""6.3'网络和课堂'互补的方式,使我的学习时间更加自由,让我学会了如何更好地管理时间和完成任务,提高了我的自主学习能力""1.1我对本门课程的学习目标有清晰的了解""7.3我建议更多课程采用有针对性的'网络和课堂'互补的教学方式"七项指标上的评价与前者持平外,在其他指标上评价得分都高。

学生对混合式教学评价得分从高到低依次是:2.1、4.1、6.1、3.1、4.2、6.6、6.2、4.3、6.5、5.2、6.4、6.3、1.1、5.1。从学生评价的角度,混合式教学有效性因素,依次是:教学内容与教学目标契合、在线学习活动、基本知识和技能、常规性学习资源、在线师生互动、拓宽视野、学习自控力、拓展性学习资源、探究学习能力、课堂氛围、协作能力、自主学习能力、教学目标清晰度、内容的针对性。

同样,对以上有效性因素按照李秉德提出的教学七要素进行归类,见表7-5。

表7-5　学生视角下的有效性因素与教学要素对应

教学要素	评价标准序号	有效性因素(学生评价角度)
教学内容	2.1	教学内容与教学目标契合
教学方法	4.1	在线学习活动
学生	6.1	基本知识和技能
教学环境	3.1	常规性学习资源
教学反馈	4.2	在线师生互动
学生	6.6	拓宽视野

续表

教学要素	评价标准序号	有效性因素(学生评价角度)
学生	6.2	学习自控力
教学环境	4.3	拓展性学习资源
学生	6.5	探究学习能力
教学方法	5.2	课堂氛围
学生	6.4	协作能力
学生	6.3	自主学习能力
教学目的	1.1	教学目标清晰度
教学内容	5.1	内容的针对性

对表 7-5 中教学要素和影响因素与混合式教学有效性做多元线性回归分析,计算所得的回归系数见表 7-6。

表 7-6　学生视角下有效性因素回归分析

总指标	一级指标	回归系数 1	二级指标	回归系数 2
有效混合教学	教学目的	0.215	1.1	1
	学生	0.124	6.1	0.62
			6.2	0.55
			6.3	0.73
			6.4	0.95
			6.5	0.64
			6.6	0.36
	教学方法	0.055	4.1	0.548
			5.2	0.612
	教学环境	0.167	3.1	0.572
			4.3	0.55
	教学内容	0.192	2.1	0.51
			5.1	0.63
	教学反馈	0.101	4.2	0.101

为了直观地显示有效性与教学要素之间、教学要素与影响因素之间的关系,建立学生视角下的混合式教学有效性因素构成模型,如图 7-6 所示。

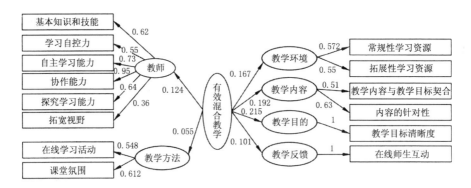

图 7-6　学生评价视角下混合式教学有效性因素构成模型

第三节　课堂观察量表整理与分析

一、观察资料整理

课堂观察记录表共回收 276 份,其中有效记录表 257 份,占回收总量的 93.1%。

分析课堂观察记录表,分别总结教学过程中的教师活动、学生活动和网络平台应用情况中的关键事件,共归纳出 24 个关键词,见表 7-7。

表 7-7　课堂师生行为汇总

活动	关键词
教师活动	导入、讲解、板书、图片、视频、提问、点评、指导、演示
学生活动	准备、听课、回答问题、讨论、思考、测验、汇报展示、讲课、实操
在线活动	课前自学、课堂自测、课堂测验、学习笔记、答疑讨论、作业提交

考虑到每一部分活动都有可能超出以上所描述范围,因此,每一部分有一项分析是"其他"。

对课堂观察记录表逐个翻阅,并按照上述关键事件和关键词进行一一查找,把查找结果填入 SPSS。由于 SPSS 变量名不能重复定义,因此教师活动中的用"其他"包括:教师展示学生作业、汇报等。学生活动中的"其他"主要指学生操作、学生提问、学生做实验等。网络平台中的"其他"指课程问卷。

根据需要分析的问题,运用"分析报告个案汇总"把能够反映所研究问题的关键行为导出,然后进行分析。

二、课堂教学效果对比分析

课堂教学效果按照学生认真听课的人数大致分为四类:A 为全班很认真,B 为约 2/3 学生听课,C 为约 1/2 学生听课,D 为听课学生少于等于 1/3。

按照以上四种课堂类型,对 37 个界定为混合式教学课堂与其他 31 个非混合式教学课堂进行对比,发现:开展混合式教学,84% 的课堂上全部学生能做到认真听课,16% 的课堂大多数学生能做到认真听课,如图 7-7 所示。相反,不采用混合式教学模式和没有真正实现混合式教学的课堂,只有 45% 的课堂上学生能做到全部认真听课,26% 的课堂则明显缺少吸引力,认真听课的学生不到一半,如图 7-8 所示。

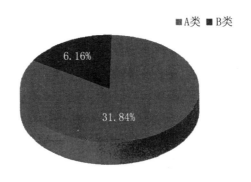

图 7-7　混合式教学课堂听课效果

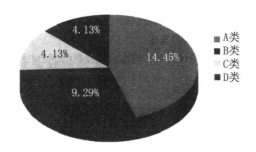

图 7-8　非混合式教学课堂听课效果

为了进一步探讨混合式教学的特点和优势,研究者对混合式教学课堂和其他课堂的师生行为进行频次对比分析,转换为行为占比后如图 7-9 所示。

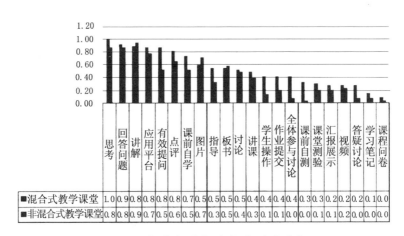

图 7-9　课堂师生行为频次对比分析

两种课堂教学行为对比分析如下:

(1)实施混合式教学的 37 门课堂,学生都进行了思考,有一定的思维活动;未实施混合式教学的 31 个课堂中有 27 门课堂学习过程中学生有思考的行为,占比 87%。

(2)实施混合式教学的课堂中,有 34 门课堂上出现学生回答问题的行为;未实施混合式教学的课堂中,有 27 门课堂出现学生回答问题的行为。

（3）实施混合式教学的课堂中，有 33 门课堂上教师进行讲解，占比 89%；未实施混合式教学的课堂中有 29 门课堂上教师进行讲解，占比 94%。无论是否进行混合式教学，教师都有讲解行为，但是，混合式教学课堂讲解比重比非混合式教学低。

（4）实施混合式教学的课堂中，有 32 门课程在课堂教学活动中应用了网络教学平台；未实施混合式教学的课堂中，有 24 门课程在课堂教学活动中应用了网络教学平台。这说明大部分师生已经有意识地使用网络教学平台，网络教学平台的建设情况以及教师混合式教学的设计关系到混合式教学的实施。

（5）实施混合式教学的课堂，有 32 门课程在教学过程中教师进行有效提问，占比 86%；未实施混合式教学的课程上，有 24 位教师进行有效提问，占比 52%。关于课堂教学有效问题的设计，部分教师还有所欠缺；由于混合式教学的教师根据学生的学习情况设计教学过程，提出有效问题，所以学生听课状况也比较好。

（6）教学过程也是师生互动的一个过程，学生讲课、操作、讨论等，都需要教师给予一定的点评和指导，实施混合式教学的课堂上，有 30 门课程的教师有点评行为，占比 81%，20 门课程的教师有指导行为，占比 54%；未实施混合式教学的课程有 20 门课程的教师有点评行为，占比 65%，10 门课程的教师有指导行为，占比 32%。这说明混合式教学对于师生互动有积极作用，师生有效互动有利于学生知识与技能的获得。

（7）混合式教学中很重要的一部分就是翻转课堂，翻转课堂的实施包括课前自学、课前自测、课上汇报展示、讲课、交流讨论等。学生的认知程度、学习积极性和自学能力不同，造成不同学生课前自学效果不同。实施混合式教学的课程中，教师布置课前自学且自学效果好的课程有 27 门，占比 73%；未实施混合式教学的课程中教师布置课前自学且自学效果好的课程有 16 门，占比 52%。实施混合式教学的课程中课前自学后有课前自测的课程有 12 门,占比 32%;未实施混合式教学的课程中课前自学后有课前自测的课程仅有 1 门,占比 3%。实施混合式教学的课程中课堂上有汇报展示的课程有 10 门,学生讲课的课程有 18 门,占比 76%;未实施混合式教学的课程中课堂上有汇报展示的课程有 6 门,学生讲课的课程有 12 门,占比 58%。实施混合式教学的课程中师生讨论的课程有 19 门,其中全体学生参与讨论的课程有 15 门,占比 41%;未实施混合式教学的课程中师生讨论的课程有 15 门,其中全体学生参与讨论的有 6 门,占比 6%。说明教师若对于学生课前自学的程度没有一定的检查措施,对课堂讨论的规范性没有完善,不能提出有价值的讨论话题,不能组织全体学生参与讨论,那么就难以充分调动学生的学习积极性。

(8)图片、视频和板书三个日常教学行为无论采用何种教学模式都会出现的,在此不再进行对比分析。

(9)网络教学平台的应用中除了有课前自学和课前自测外,还有作业提交、课堂测验、答疑讨论、学习笔记和课程问卷等模块。实施混合式教学的课程中应用作业提交的课程有 15 门,占比 41%;课堂在线测验的课程有 11 门,占比 30%;应用平台答疑讨论区的课程有 10 门,占比 27%;学生提交学习笔记的课程有 6 门,占比 16%;课堂中运用课程问卷的课程有 3 门,占比 8%。未实施混合式教学的课程中应用作业提交的课程有 6 门,占比 19%;课堂在线测验的课程有 6 门,占比 19%;应用平台答疑讨论区的课程有 2 门,占比 6%;学生提交学习笔记的课程有 2 门,占比 6%;课堂中运用课程问卷的课程有 1 门,占比 3%。这说明,课堂上无论是否实施混合式教学,参加本次评价的 68 位教师都有意识地运用网络教学平台,但是平台各个模块利用率有待提高,如平台的答疑讨论区、学习笔记等。

总之,通过以上对比分析可知,实施混合式教学的课堂,在课前组织课前自测、答疑讨论、网络提交作业、课堂上组织全员参与讨论、有效提问、启发学生思考、开展课堂在线测验、安排学生动手操作、教师适当点评与指导九个方面,师生行为占比明显高于非混合式教学课堂。

三、课堂教学角度有效性因素分析

对混合式教学中的所有的师生行为分为四类内容:教师讲授——讲解、板书、图片、视频、演示;学生活动——操作、思考、回答问题、讲课、汇报、测验;师生互动——问卷、讨论、提问、点评、指导;课外自学——平台应用、自测、作业、答疑讨论、学习笔记。统计每一分类中各个教学行为的数量,从高到低,依次如图 7-10 所示。

由图 7-10 可以看出,从课堂教学的角度,混合式教学的有效性主要体现在:启发学生思考、网络平台的应用、学生积极回答问题、教师有效提出问题、教师对学生的点评、教师讲授、指导、组织讨论、学生登台讲课、传统与现代媒体的应用、学生动手操作、学生提交作业,以及学生课上汇报展示等行为。相比而言,教师在应用视频媒体、组织课堂测验,以及学生利用平台课前自测、答疑讨论、撰写学习笔记和开展问卷调查等方面有待提高。

同样,对以上有效性因素按照李秉德提出的教学七要素进行归类,如表 7-8 所示。

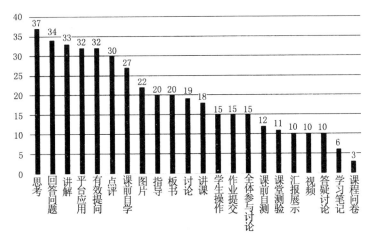

图 7-10　混合式教学课堂师生行为统计

表 7-8　课堂观察视角下的影响因素与教学要素对应

教学要素	影响因素（课堂观察角度）	频次
学生	思考	37
教学环境	平台应用	32
学生	回答问题	34
教学反馈	点评	30
教学方法	有效提问	32
教学方法	课前自学	27
教学方法	讲解	33
教学反馈	指导	20
教学方法	讨论	19
学生	讲课	18
教学方法	图片	22
教学方法	板书	20
学生	学生操作	15
学生	作业提交	15
教学方法	全体参与讨论	15
学生	汇报展示	10
学生	课堂测验	11
教学反馈	答疑讨论	10
学生	课前自测	12
教学方法	视频	10
学生	学习笔记	6
教学反馈	课程问卷	3

对表 7-8 中所示教学要素和影响因素与混合式教学有效性做回归分析，其结果见表 7-9。

表 7-9　课堂观察视角下有效性影响因素相关性分析

总指标	一级指标	回归系数 1	二级指标	回归系数 2
有效混合教学	学生	0.59	思考	0.681
			回答问题	0.475
			讲课	0.75
			学生操作	0.311
			作业提交	0.22
			汇报展示	0.6
			课堂测验	0.61
			课前自测	0.352
			学习笔记	0.73
	教学环境	0.38	平台应用	1
	教学反馈	0.79	点评	0.46
			指导	0.371
			答疑讨论	0.78
			课程问卷	0.676
	教学方法	0.52	有效提问	0.48
			课前自学	0.63
			讲解	0.693
			讨论	0.25
			图片	0.17
			板书	0.23
			全体参与讨论	0.339
			演示	0.138
			视频	0.24

为了直观地显示有效性与教学要素、影响因素之间的关系,建立

课堂教学视角下的混合式教学有效性因素构成模型,如图 7-11 所示。

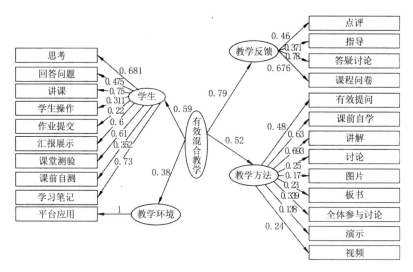

图 7-11　课堂观察视角下混合式教学有效性因素构成模型

第四节　学生学习效果分析

一、在线学习效果分析

混合式教学增加了学生线上查阅资料、整理报告、提交作业、网络讨论,以及学生课堂上的任务展示、问题质疑、讨论、在线测验等环节。学生通过网络教学平台,根据教师提供的教学资源,按照学习任务单的要求,进行有针对性地自学,只有完成这个环节之后,才有可能带着作业(作品)到课堂上展示、带着问题去听老师讲授、带着观点去跟同学讨论。由此可见,线上学习和课堂学习两个环节是相辅相成的,且在混合式教学模式中,线上学习是开展课堂学习的基础,对整个混合式教学具有不可或缺性。

网络教学平台记录了学生的线上学习行为,从表 7-10 可见,实施混合式教学的课程($X_1=3$),除了"课程讨论区发文总数"略低于网络辅助教学型课程($X_1=2$),"学生进入课程总数""阅读教学材料次数""上交作业总数""学生提交测试次数"都明显高于网络辅助教学型课程($X_1=2$)和资源共享型课程($X_1=1$)。

由此可见,线上学习拓宽了学生获取学习资源的渠道,丰富了学生学习方式,培养和增强了学生的自主学习意识和自主学习能力,让学生参与到教师教学的过程中,真正成为学习的主人。

表 7-10　学生线上学习行为数据统计

按 X_1 聚类	$X_1=3$ 平均值	$X_1=2$ 平均值	$X_1=1$ 平均值
学生进入课程总数	20088.78	3800.2	747.67
阅读教学材料次数	22277.95	4087.04	778.83
上交作业总数	2760.86	445.8	42.33
学生提交测试次数	1382.60	84.16	100.83
课程讨论区发文总数	1369.59	1531.92	36.00

二、课程学习成绩分析

为了进一步判断混合式教学的有效性,笔者又对 37 门混合式教学课程以及同一门课但未实施混合式教学的课程、31 门参评的非混合式课程进行成绩分析。取连续四个学年的学生成绩,并分别按课程综合成绩平均分和期末考试成绩平均分进行对比分析。

37 门混合式教学课程的综合成绩分布和期末考试成绩分布如图 7-12 和图 7-13 所示。

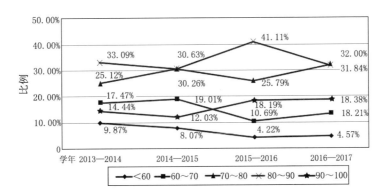

图 7-12　37 门混合式教学课程的综合成绩分布

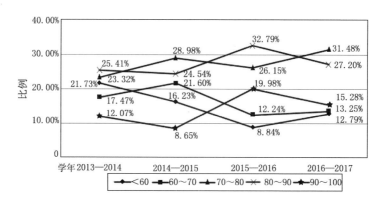

图 7-13　37 门混合式教学课程的期末考试成绩分布

通过以上成绩分析可以发现,实施混合式教学的课程,其学生的综合成绩在连续四个学年内,90 分以上的学生比例略微呈上升趋势,60 分以下的比例,即不及格率较明显的下降趋势。单纯从期末考试的成绩来看,90～100 分、80～90 分、70～80 分,三个分数段的学生占比都略微呈上升趋势,而 60～70 分和 60 分以下的低分数段和不及格率的学生占比,则明显呈现下降趋势。以上成绩分析说明,混合式教学模式能够提高学生的学习成绩。

采用传统面授方式教学的 37 门相同课程的总评成绩和期末成绩数据分析如图 7-14 和图 7-15 所示。

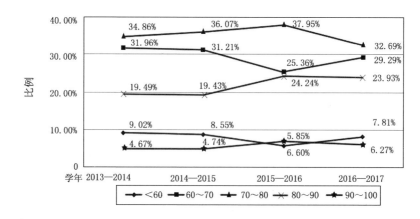

图 7-14　37 门相同传统面授课程综合成绩分布

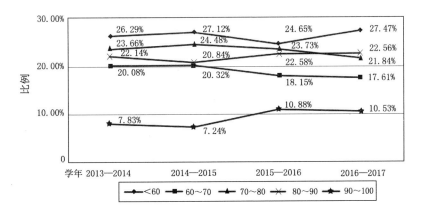

图 7-15　37 门相同传统面授课程期末考试成绩分布

通过以上成绩分析可以发现,37 门同样的课程但是未实施混合式教学,在最近两个学年,80 分以上的学生比例明显低于实施混合式教学的学生比例约 20%,不及格率高了约 2%。单纯从期末考试的成绩来看,80 分以上的高分段学生占比,传统面授型课程比混合式教学型低了约 10%,不及格率却高了约 20%。

31 门参评的非混合式教学课程的综合成绩和期末考试数据分析如图 7-16 和图 7-17 所示。

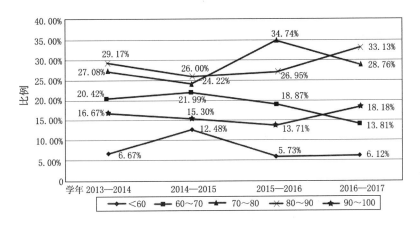

图 7-16　31 门参评的非混合式课程的综合成绩分布

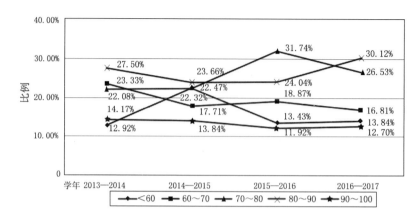

图 7-17　31 门参评的非混合式课程的期末考试成绩分布

通过以上成绩分析可以发现,本次参评的 31 门课程,其学生的综合成绩在连续的四个学年内,90 分以上的学生比例变化不明显,80～90 分的学生比例略有提高,70～80 分的学生比例明显提高,不及格率变化不明显。单纯从期末考试的成绩来看,其成绩分布情况与综合成绩是一致的。

对 37 门混合式课程与 31 门参评的非混合式课程进行学生成绩对比可以发现,最近两个学年,从综合成绩看,80 分以上的学生占比没有明显区别,但是前者的不及格率比后者低了约 1.5%。

三、学生综合能力与素质分析

为验证混合式教学对学生能力和素质的影响,混合式教学课程中"材料力学"老师对所教 103 名学生进行了综合能力与素质提高认可度调查,见表 7-11。

表 7-11　学生综合能力与素质调查结果

书面表达	口头表达	逻辑思维	自主学习	团队合作	批判思维	责任意识
65%	78.6%	78.6%	85.4%	70.9%	33.1%	25.2%

调查结果显示,学生认为在所调查的七个方面的能力与素质都

有不同程度的提高,其中认为"自主学习"能力得到提高的人数最多,达到 85.4%,其次是"口头表达"和"逻辑思维"能力,均达到 78.6%。

通过部分课程的学生个人总结、反思和感言等,也进一步印证了学生综合能力和素质的提高,印证了学生对混合式教学效果的认可。课前讨论环节在一定程度上"逼迫"他们发现问题、积极思考;小组协作使他们的团队合作能力得到了提高;翻转课堂给予了学生敢于在公众场合大声说话的勇气。

可见,通过学习任务可以培养学生的学习自制力和信息获取能力,通过汇报展示可以增强学生的表达能力和自信心,通过提问和讨论可以增强学生的批判性思维,通过小组活动可以提高学生的责任意识和协作能力等。因此,混合式教学不仅有利于提高学生学习成绩,而且能培养和提高学生的综合能力和素质。

第五节　修订评价指标

一、专家评价指标修订

混合式教学有效性评价指标体系在经过第一轮的实践应用后,需要根据实际操作情况做出修订。

其中,专家评价指标修订时重点考虑算术平均数得分较低、标准差较大、操作较难的指标项。算术平均数较低,说明评价的内容在当前发展阶段效果不佳,没有达到预期目标。标准差较大,说明专家对评价内容的意见比较分散。

从前面的评价指标应用来看,专家评价得分较低的指标项包括:"4.3 在线学习:利用网络教学平台实现对学生日常学习情况的数据采集和分析,不断优化教学模式""1.3 教学目标:各项教学目标明确、具体,难易适度,具有可测量指标"和"3.4 学习资源:课程教师在网络教学平台内共建共享教学资源"。

标准差较大的指标项包括:"3.4学习资源:课程组教师在网络教学平台内共建共享教学资源""3.1学习资源:网络教学平台内课程标准、导学任务等基本信息完备"与"2.2教学内容:梳理知识点,明确学生自学为主的内容"。

综合以上分析,并征求教师意见后,对专家评价指标做出以下修改。

(1)将"1.2教学目标:注重提高信息化环境下的学生自主学习能力和协作学习能力"拆分为"1.2教学目标:注重提高信息化环境下的学生自主学习能力"和"教学目标:注重提高学生的团队协作能力"两项。

(2)将"1.3教学目标:各项教学目标明确、具体,难易适度,具有可测量指标"修改为"1.4教学目标:各项教学目标明确、具体,具有对应的评价方式"。

(3)将"2.1教学内容:围绕教学目标设计教学内容"和"2.2教学内容:梳理知识点,明确学生自学为主的内容"合并为"2.1教学内容:梳理知识点,围绕教学目标设计教学内容,明确学生自学为主的内容"。

(4)将"3.1学习资源:网络教学平台内课程简介、课程标准、导学任务等基本信息完备"拆分为"3.1学习资源:网络教学平台内课程介绍、课程标准等课程基本信息完备"和"3.2学习资源:导学任务单内学习目标、学习内容、评价方法具体、明确"两项。

(5)删除指标项"3.4学习资源:课程组教师共建共享教学资源"。

(6)删除指标项"4.3在线学习:利用网络教学平台实现对学生日常学习情况的数据采集和分析,不断优化教学模式"。

二、学生评价指标修订

学生评价指标修订时重点考虑算术平均数得分较低、标准差较大的指标项。

算术平均数较低的指标项包括:"5.1课堂学习:因为有了网络学

习准备,在课前及时完成预习任务,所以我在课堂上能很好地跟上老师的思路,学习更有针对性,更容易理解和接受学习内容,提高了学习效率""1.1学习目标:我对本门课程的学习目标有清晰的了解""6.3学习效果:'网络和课堂'互补的方式,使我的学习时间更能自由支配,让我学会了如何更好地管理时间和完成任务,提高了我的自主学习能力""6.4学习效果:'网络和课堂'互补的方式,锻炼了我与他人交流、合作(或领导团队)的能力,个人价值得到了更好的体现"。

综合以上分析,并征求教师意见后,对学生评价指标做出以下修改:

(1)将"1.1学习目标:我对本门课程的学习目标有清晰的了解"修改为"1.1学习目标:我对本门课程'知识、能力、素质'的学习目标要求有清晰的了解"。

(2)将"5.1课堂学习:因为有了网络学习准备,在课前及时完成预习任务,所以我在课堂上能很好地跟上老师的思路,学习更有针对性,更容易理解和接受学习内容,提高了学习效率"修改为"5.1课堂学习:因为在课前能及时完成预习任务,所以我在课堂上能很好地跟上老师的思路,学习更有针对性"。

(3)将"6.3学习效果:'网络和课堂'互补的方式,使我的学习时间更能自由支配,让我学会了如何更好地管理时间和完成任务,提高了我的自主学习能力"和"6.2学习效果:'网络和课堂'互补的方式,通过网络成绩占课程总成绩的比值,让我更加注重平时的学习,提高了自控力和学习积极性"合并修改为"6.2学习效果:'网络和课堂'互补的方式,让我更加注重平时的学习,提高了自主学习能力"。

(4)将"6.4学习效果:'网络和课堂'互补的方式,锻炼了我与他人交流、合作(或领导团队)的能力,个人价值得到了更好的体现"修改为"6.3学生效果:'网络和课堂'互补的方式,提高了我与他人交流、合作(或领导团队)的能力"。

第六节 计算机基础课程线上线下混合式教学评价设计

人本主义学习理论关注学习者的个人特性因素。诸如知觉、情感、信念和意图等因素导致学习者学习行为差异,强调要以学生为中心,强调教学要发展学生的个性。所以在教学评价设计时,要充分考虑到学生的个体性和差异性。在评价的指标体系中要体现学生的个人特性因素,不以最终的分数和结果作为学生评价的唯一指标。在高校计算机基础课线上线下混合式教学中,前置评价在教学平台导出分析每一个学生的在线学习数据给出客观评价。过程性评价关注学生在课程中的表现和成果,最后在总结性评价中提高前置评价和过程中评价的权重。

一、云课堂前置评价

前置评价又称诊断性评价,是指在教学活动开始前,确定学习者的学习准备程度而进行的评价。研究前置评价结果,便于教师采取相应的措施使教学计划顺利、有效的实施。前置评价一般在教学活动开始之前进行,高校计算机基础课混合式教学采取前置评价,对学生线上平台的预习时长、问答、评价等平台使用情况进行采集分析,进行定性或定量评价。如表 7-12 所示。通过查看学生的学习进度、评价、问答、笔记等情况,对教学方案和教学内容进行适当调整。

表 7-12 前置评价指标

一级指标	二级指标	评价内容	权重占比
课前线上学习	学习进度	已学课件数或视频时长	80%
	评价	学生评价数	5%
	问答	学生问答数	5%
	笔记	学生笔记数	5%
	纠错	学生纠错数	5%

二、过程性评价

新课程标准关注过程性评价,过程性评价在学生的学习过程中起着不可忽视的作用,让学生掌握实际操作、解决问题的能力比分数更重要。高校计算机是一门操作项目比较多的课程,只有理论性的知识评价很难反映出一个学生的真正计算机水平,尤其是有些学生的理论分数很高,可是在具体的操作中却无从下手,也不敢去尝试;而有些操作技能很好的学生却理论知识不太过关。如何平衡这种情况,就需要过程性评价。在平时的教学中,记录学生的课堂表现和实际操作过程中的参与情况,进行评价。学生小组也可以分配人员进行组内互评、自评。混合式教学的过程性评价指标如表 7-13 所示。

表 7-13　过程性评价指标

一级指标	二级指标	评价内容	权重占比
线下课堂活动	考勤	学生签到数	60%
	参与	学生参与课堂教学活动数	20%
	课堂表现	学生课堂表现得分	10%
	成果展示	成果展示得分	10%

三、课程总结性评价

总结性评价主要用来评定课程结束后学生的学业成绩。在学校教育中"总结性评价是指在某一相对完整的教育阶段结束后对整个教育目标实现的程度做出的评价"。高等院校计算机基础课程的总评成绩主要由课前学习成绩、课堂表现考试、实训操作成绩和期末考试成绩四个部分构成。教师可以根据实际教学情况,确定每一部分分别所占总评成绩的比例。课前学习成绩由线上平台给出,课堂表现在教学过程中记录,实训操作包括办公软件 Word、Excel、PowerPoint 等,期末考试成绩由学校学期末通过纸质卷面的形式统一考试。所有成绩按照一定比例换算就可以就算出课程总评成绩。

依据总结性评价的原则和高等院校的特点,高校计算机基础课线上线下混合式教学的总结性评价指标如表 7-14 所示。

表 7-14 总结性评价指标

一级指标	二级指标	评价内容	权重占比
总评成绩	课前线上学习	线上学习成绩	20%
	线下课堂活动	线下课堂成绩	20%
	实训操作	实训成绩	30%
	期末考试	期末成绩	30%

参考文献

[1]于春燕,郭经华.MOOC与混合教学理论及实务[M].北京:清华大学出版社,2018.

[2]姜强,赵蔚,王朋娇,等.基于大数据的个性化自适应在线学习分析模型及实现[J].中国电化教育,2015(1):85-92.

[3]常涛.高职院校混合式教学模式改革实践[M].北京:中国纺织出版社有限公司,2019.

[4]孙笑微.基于SPOC平台日志数据的在线学习行为分析及其影响因素研究[J].沈阳师范大学学报(自然科学版),2017(1):103-107.

[5]秦楠,张茂聪.关联主义理论关照下的无障碍学习探究[J].当代教育科学,2015:62-64.

[6]曹殿波,党子奇.混合式教学设计与实践[M].北京:高等教育出版社,2020.

[7]石铁峰,石家羽.混合式课堂教学改革与实践:微动教学法[M].北京:中国水利水电出版社,2022.

[8]彭振宇.黄炎培平民教育思想的历史意义与当代价值——兼谈百年未有之大变局下的职业教育创新发展[J].教育与职业,2021(14):13-20.

[9]赵错,岳真,袁晓玲.课堂教学现状的调查、分析与未来[J].现代教育科学,2019(12):85-90.

[10]管恩京.混合式教学有效性评价研究与实践[M].北京:清华大学出版社,2018.

[11]刘文.基于网络教学平台的对话式课堂建构与教学实践[J].中国教育信息化,2016(20):29.

[12]岳松.高校翻转课堂教学模型设计[J].山东理工大学学报,

2015(9):82.

[13]张彦斐.基于信息化网络教学平台的四点五步教学模式研究[J].中国教育信息化,2016(20):43.

[14]耿煜,苑嗣强.计算思维导向下MOOC+SPOC混合教学模式的计算机基础课程改革研究[M].北京:中国商业出版社,2018.

[15]白雪,白永国,孙维福."MOOC+SPOC+翻转课堂"混合教学模式在高校计算机公共课中的实践[J].吉林化工学院学报,2017,34(4),77-80,88.